0~6岁

宝宝食谱

必备全书

张明 主编

江西科学技术出版社

图书在版编目（CIP）数据

0～6岁宝宝食谱必备全书/张明主编. -- 南昌：
江西科学技术出版社，2018.4
ISBN 978-7-5390-6076-7

Ⅰ. ①0… Ⅱ. ①张… Ⅲ. ①婴幼儿—食谱 Ⅳ.
①TS972.162

中国版本图书馆CIP数据核字(2017)第230035号
选题序号：ZK2017217
图书代码：D17083-101
责任编辑：李智玉

0～6岁宝宝食谱必备全书

0～6SUI BAOBAO SHIPU BIBEI QUANSHU

张明 主编

摄影摄像	深圳市金版文化发展股份有限公司	
选题策划	深圳市金版文化发展股份有限公司	
封面设计	深圳市金版文化发展股份有限公司	
出　版	江西科学技术出版社	
社　址	南昌市蓼洲街2号附1号	
	邮编：330009　电话：（0791）86623491　86639342（传真）	
发　行	全国新华书店	
印　刷	深圳市雅佳图印刷有限公司	
开　本	720mm×1020mm　1/16	
字　数	200 千字	
印　张	15	
版　次	2018年4月第1版　2018年4月第1次印刷	
书　号	ISBN 978-7-5390-6076-7	
定　价	36.80元	

赣版权登字：-03-2017-335

序

在孩子成长的路上，家长总想把所有好的东西给孩子。在宝宝成长的不同阶段，为宝宝制作出美味的营养餐，让他们爱上吃饭，相信是每个家长都乐于做的事。

宝宝出生后，学到的第一件事就是吃东西，食物对宝宝的成长有重要的影响力。孩子能否健康成长，绝对离不开营养均衡，以及正确的饮食习惯。宝宝渐渐长大后，只喝母乳已经无法满足身体所需的营养，因此需要吃辅食做补充。

宝宝从6个月左右开始，就可以慢慢尝试给宝宝喂辅食，但一般市面上贩售的辅食，可能会存在一些不干净的地方，或是存放过久，对于刚接触辅食的宝宝来说，食用后易出现腹泻、呕吐等不适症状。为了宝宝的健康着想，亲自动手制作辅食，从食材的挑选及调理器具的消毒，都能一一把关，不但能让宝宝吃到天然纯净的食物，还可以视宝宝进食的情况，对辅食的口味、分量做出调整，做出宝宝喜爱的饮食搭配。

本书为0~6岁宝宝设计了日常食谱，家长们操作起来也很简单。同时，书中还介绍了孩子在不同成长时期的饮食需求、益智发育特点等知识介绍，根据孩子不同阶段的吸收和调节功能，为不同年龄段的孩子制订饮食方案。另外，本书还列出了宝宝所需的营养素、特效食材、功效菜谱，来增强体能，提高宝宝的免疫力，让宝宝健康成长。除此以外，对宝宝常见病也提出了具体的调养方法，帮助爸爸妈妈解决燃眉之急。此书在手，可以帮助您做出适龄、好看、好吃、好玩的辅食，让宝宝从小就有个好胃口。

目录
CONTENTS

Part 1 0~1岁
宝宝的营养辅食

Part 2 1~3岁
断乳过渡要吃好

Part 3　4~6岁 学龄前孩子的三餐管理

特效功能食谱，让孩子身体棒棒

Part 5 跟着四季做美食，宝宝吃得更健康

宝宝的营养辅食

辅食不是特指某种食物，而是泛指的概念。在婴儿阶段，母乳当然是宝宝最理想的食品，但随着宝宝一天天长大，大约6个月开始，光吃母乳或者婴儿配方奶已经无法满足宝宝的营养需求。所以，这段时间，除了原先母乳或婴儿配方奶之外，另外还应给予宝宝一些固体食物，这就是我们所说的辅食。

宝宝辅食添加时间表

　　随着宝宝慢慢长大，只靠母乳是不够的，这时，家长们要给宝宝添加辅食了。辅食是直接影响到宝宝营养补给和宝宝的生长发育，所以，添加辅食也要有科学规划！

月龄	6个月	7~8个月	9~10个月	11~12个月
添加品种	米汤、菜汁、果汁、米粉、蛋黄、米糊、麦糊、菜糊、鱼泥	蛋羹、稀粥、菜末、肝泥、水果片、豆腐末	烂面条、碎菜、稠粥、蛋羹、肉末、肝泥、饼干	烂菜、碎肉、全蛋、豆制品、软饭、馒头等
软硬度	稠糊状	泥状	碎末状	软颗粒状
喂养方法	小勺喂食	小勺喂食、宝宝手抓	宝宝手抓、宝宝用勺	宝宝用勺或筷子练习
宝宝进食方式	吞咽、舌碾	牙床咀嚼	咀嚼	咀嚼
供给的营养素	铁、钙、维生素、动植物蛋白	铁、锌、维生素、动植物蛋白	钙、镁、动植物蛋白	硒、钙、镁、糖类、蛋白质、维生素、膳食纤维

添加辅食信号

一般从6个月开始就可以给宝宝添加辅食了。由于每个宝宝的生长发育情况不一样，个体差异也不一样，因此，添加辅食的时间也不能一概而论。宝宝发出的以下"信号"，提示妈妈该添加辅食了。

信号一：体重轻了

是否给宝宝添加辅食还要考虑到宝宝的体重。增加辅食时宝宝的体重需要达到出生时的2倍，至少达到6千克。如果宝宝的体重达到了这样的标准，那么就可以考虑给宝宝做辅食了。

信号二：宝宝发育成熟

当宝宝能控制头部和上半身，能扶着或靠着坐，胸能挺起，头能竖起，宝宝可通过转头、前倾、后仰等来表示想吃或不想吃，那么也可考虑加一些辅食了。

信号三：宝宝有吃不饱的表现

比如说宝宝原来能一觉睡到天亮，但是现在却经常半夜要醒一次，或者睡眠时间越来越短；每天哺乳的次数增多，或喂配方奶在1000毫升左右，但是宝宝仍表现出饥饿的状态，一会就哭闹。这时候是开始添加辅食的最佳时机。

信号四：宝宝有吃东西的行为

如果家长在舀起食物放进宝宝嘴里时，他好像会尝试舔进嘴里并吞咽下去，显示出高兴、很好吃的样子的时候，说明他对吃东西感兴趣了，这时就可以放心地给宝宝喂食了。如果宝宝将食物吐出来，或者把头扭开、推开你的手，说明宝宝不想吃了，这个时候就不要再喂食了，等过几天再试。

添加宝宝辅食必备工具

为宝宝添加辅食，餐具是必不可少的。宝宝的辅食餐具都需要哪些呢？什么样的又好用又安全呢？不同的餐具要怎样清洗才放心呢？

常用的厨房用具

食物料理机

食物料理机可为宝宝制作果汁和菜汁，或将食物磨成泥。食物料理机最好选择过滤网特别细的，且可分离部件清洗的。在使用之前要先用开水烫一遍，使用后也要彻底清洗。

榨汁机

宝宝需要食用果汁和菜汁，所以榨汁机也是必不可少的，最好选购有特细过滤网，可分离部件清洗的。因为榨汁机是辅食前期的常用工具，如果清洗不干净特别容易滋生细菌，所以在清洁方面要多加用心。

蒸锅

宝宝吃得很多食物都需要蒸制，蒸出来的食物口味鲜嫩、熟烂、容易消化、含油脂少，能在很大程度上保存营养素，所以蒸锅有很重要的作用。

刀具

给宝宝做辅食用的刀最好专用，并且生熟食所用刀具分开。每次做辅食前后都要将刀洗净、擦干。

小汤锅
小宝宝煮汤、温奶时都需要汤锅。宝宝用的汤锅最好单独使用，大小合适，材料以不锈钢为主。也可以用普通汤锅，但小汤锅省时省能。

菜板
最好给宝宝用专用菜板制作辅食，要常清洗、常消毒。最简单的消毒方法是开水烫，也可以选择日光晒。

常用的宝宝餐具

食用碗
宝宝的食用碗最好选用平底、无毒、防高温碗，既要便于宝宝使用，也要便于清洁、消毒。颜色漂亮的碗也可以吸引宝宝的注意力，增加宝宝的食欲。带盖子的宝宝食用碗也是不错的选择，既防尘，外出的时候也比较方便地保存宝宝的食物。

勺子
宝宝的肾脏发育不完全，不能使用铁质和铝制的勺子，因为这些勺子可能会释放有毒物质，增加宝宝肾脏的负担。无毒、防高温的塑料勺是宝宝的最佳选择。

水杯
宝宝从六七个月开始，就要慢慢练习用杯子喝水。宝宝用的杯子最好选用不怕摔、无毒、防高温的塑料杯。另外，可爱的颜色和造型更能引起宝宝的兴趣。

妈妈要注意的
喂养难题

第一次做妈妈，缺乏经验难免会手足无措，在喂奶这方面，就遇到了不少疑惑事。新妈上岗，先来上课吧！看完这篇，你的疑虑也能打消不少！

Q 宝宝的辅食最初该添加些什么？

A 国际卫生组织建议给宝宝添加辅食从宝宝6个月开始添加，首先可以给宝宝添加些米粉，如果吃一段时间没有过敏不适等反应，就可以添加一些菜泥、果泥、鱼泥、肝泥等，每个月添加不同的辅食，建议家长带宝宝到儿保门诊给宝宝做定期健康体检。

另外，宝宝体内储存的铁元素在这个时候已经消耗得差不多了，所以，最初的辅食最好选择含铁量稍微多一些的食物，如强化了铁元素并添加了维生素C的婴儿米粉是个不错的选择，因为维生素C可以促进铁的吸收。

Q 宝宝突然不爱吃奶，是想自己断奶吗？

A 1岁以下的宝宝有时候会出现没有任何明显理由突然拒绝吃奶的情况。这和宝宝的生长速度放慢有关，对营养物质的需求量减少了，对奶的需求量本能的减少有关系。这个过程大概会持续一段时间。这段时间过去后，随着运动量的增加，奶量会恢复正常。这并不是"自我断奶"，所以不要贸然地给宝宝断奶。一般来说，"自我断奶"是在宝宝已经吃了很多固体的食物，身体已经适应通过母乳以外的食物摄取到营养的情况下发生的。这种情况通常发生在1周岁以上。

Q 添加辅食后，宝宝为什么瘦了？

A 如果孩子添加辅食之后瘦了，家长们可以注意看一下是不是因为这几个方面，并采取相对应的措施：

①奶量不够。

②辅食添加不够。

③辅食添加未适应孩子的消化能力。

辅食添加不当造成的生理上的影响：如不及时添加辅食，母乳或配方奶中的营养成分满足不了宝宝的发育需求，会影响其生长发育。

Q 怎么解决宝宝不爱喝水的问题？

A 首先，作为父母，要以身作则多喝开水，在家庭里营造出喝水的氛围。可以在开水里加入果汁之类的宝宝喜欢的食物，然后逐渐减少加入的量，这样能让宝宝慢慢适应。

其次，想一些办法让宝宝对喝水感兴趣，比如跟宝宝做游戏，可以跟宝宝一起喝水，或给宝宝换上他喜欢的饮水容器。

另外，宝宝喝水时多给一些鼓励，让宝宝对喝水的抵触心理降低。

如果宝宝一时还不太接受白开水，可榨鲜榨果汁给宝宝喝。还可在每顿饭中都为宝宝制作一份宝宝的汤水，多喝些汤也可以补充水分。一定不要过分勉强而引起宝宝对水的反感。

Q 有家族过敏史的宝宝怎么添加辅食？

A 若有过敏家族史的新生儿或婴儿最好推迟1~2个月添加辅食品，一般不宜小于6个月，且添加速度要慢，尤其是鱼、肉、虾、牛奶、鸡蛋等。一般在3岁之前应避免摄入鱼、虾、蟹等以及含有食品添加剂的食物和各种冰制冷饮品。3岁以后可先从一种食品少量开始，缓慢逐渐增加，然后再逐渐增加食物的品种。

Q 如何防止宝宝食物过敏？

A 宝宝过敏有两种可能。一种从理论上说，只要是含有蛋白质的食物，都有可能造成过敏。婴儿由于胃肠道黏膜的保护功能不完全成熟，容易发生食物过敏现象。另外一种食物过敏，则可能是由于人体对某些食物的特殊成分无法适应引起的。儿童对牛奶、大豆、鸡蛋、小麦的过敏反应可随年龄的增长逐渐消失。

对于有食物过敏的宝宝，可以延长母乳哺育的时间，至少到6个月；宝宝出生后第一年的饮食以低过敏的食物为主；一旦发现哪些食物有过敏反应时，应立即停止食用；还应尽量避免食用含有高过敏源的食物，如牛奶、有壳的海鲜（虾、蟹）、有壳的坚果（如花生）、麦麸等食物。若是多种食物过敏的宝宝，则要请营养师进行专门的营养指导。

Q 宝宝为什么吃蛋白会过敏？

A 1岁内的宝宝不宜吃蛋清，这是因为婴儿消化系统发育尚不完全，肠壁很薄，通透性很高，而鸡蛋清中的蛋白为白蛋白，分子小，可以直接透过肠壁进入宝宝的血液中，易引起一系列过敏反应或变态反应性疾病，如湿疹、荨麻疹、喘息性支气管炎等。建议1岁内不要在宝宝辅食中添加鸡蛋清。

Q 还没长牙的宝宝要吃半固体的食物吗？

A 宝宝在五六个月的时候，是其口腔发育非常重要的时期，这个时候，宝宝开始有了咀嚼的动作，就证明宝宝是需要有咀嚼的东西了，一般有咀嚼动作后的宝宝的乳牙也开始成长出来，以促进宝宝的咀嚼功能。而实际上，这个时候给宝宝的嘴里放个东西，可以刺激宝宝的牙龈，让宝宝不断地咀嚼，能刺激宝宝的口腔发育，以及牙齿的发育。宝宝长大后也不会出现厌食的现象。

6个月：
开启辅食之路

　　宝宝在6个月以后就开始吃辅食了，虽然宝宝还要喝母乳或是奶粉，但随着他不断长大，身体需要的营养也越来越多，单靠母乳或奶粉很难满足营养需求，一不小心，宝宝就会缺铁、缺锌。所以，宝宝辅食的添加很重要。

为什么要在 6 个月开始添加辅食？

满足宝宝生长发育的营养需求

　　宝宝在出生后的第一年是生长发育最快的时候。在这一年中，宝宝的身体和大脑迅速发育，需要全面的营养。在宝宝6个月以前，母乳中的营养就能够满足宝宝的需要；6个月以后，母乳提供的能量只能满足宝宝需要量的80%。宝宝出生时身体中的铁大约能维持4个月左右，母乳中所提供的铁元素非常少，所以，宝宝所需要的铁元素就需要通过添加辅食来提供了。如果不及时添加辅食以补充母乳中铁的不足，宝宝就会出现缺铁性贫血，对生长发育造成影响。

宝宝吞咽能力的加强

　　咀嚼和吞咽动作的完成需要舌头、口腔、面颊肌肉和牙齿的彼此协调，是需要对口腔、咽喉的反复刺激和不断训练才能获得的能力。因此，添加辅食是宝宝锻炼吞咽和咀嚼能力的最好办法。最开始的时候宝宝掌握不好舌头的运用，常会用舌头把食物推出来，或者出现干呕的现象，这并不代表宝宝不想吃，而是宝宝的舌头和咽喉需要锻炼。只有经过一段时间的锻炼，宝宝的舌头和咽喉功能协调了，才能顺利吞咽食物。

强化宝宝的消化功能

　　宝宝在刚出生的时候消化系统尚未成熟，只能适应乳类食物。随着宝宝逐渐长大，宝宝的胃容量也逐渐扩大，消化吸收功能也不断完善。一般来说，4~6个月大的宝宝已经逐渐完善了消化系统，可以接受辅食了。添加辅食不仅可以锻炼宝宝的咀嚼和吞咽能力，还能增加宝宝的唾液和其他消化液的分泌量，增强消化酶的活性。

更好地帮助宝宝发展智力

宝宝从一出生就具有许多原始反射行为，并通过听觉、视觉、触觉、味觉和嗅觉等与外界建立联系。这些联系需要不断完善和强化，才能为宝宝以后的生长发育打好基础。添加辅食可以让宝宝在学习吃的过程中促进嗅觉神经、视觉神经、听觉神经、吞咽神经和动眼神经等神经潜的开发和完善；不同硬度、不同大小和形状的食物还可以训练宝宝的舌头、牙齿和口腔之间的配合，对宝宝的语言能力发展也有帮助。

养成良好的饮食习惯

宝宝在6个月左右进入味觉敏感期，在这个时候及时添加辅食，尽可能让宝宝接触多种味觉和质地的食物，能够有效预防宝宝日后偏食、挑食。宝宝的辅食要尽量清淡，少放糖，1岁以下的宝宝辅食不要加盐、鸡精、辣椒、花椒等调味料。从小吃清淡的食物会使宝宝终生受益。另外，给宝宝吃饭要定时定量，不要随意加零食，吃饭的时候要专心，不要看电视，这些习惯都要从小培养，才能有助于宝宝养成良好的饮食习惯。

辅食的添加要点

添加辅食不要着急，循序渐进慢慢来

给宝宝添加辅食要遵循"循序渐进"的原则，不能着急，要一种一种慢慢来。每一种辅食给宝宝食用一周左右，如果宝宝顺利接受了这种食物后再添加另一种，如果宝宝出现过敏等症状，也可以比较快捷地发现过敏源。

辅食添加要从少量到适量

第一次喂孩子吃辅食时，一天喂一次一小匙（15毫升）左右的米糊，随后逐渐增加供应量，到了6~7个月左右，就能喂食3~4大匙（50毫升）左右。不能因为孩子喜欢吃辅食而骤增食用量，或骤减母乳或奶粉的供应量。

定点定时，使用汤匙

　　断乳食需要三项规范，就是在一定的地点、一定的时间、使用汤匙。断乳食一是通过提供丰富饮食来补充营养，二是培养孩子正确的饮食习惯。

辅食添加要"由稀到干"、"由细到粗"

　　宝宝辅食的添加应该从流质开始，慢慢过渡到半流质，再到半固体和固体食物。宝宝辅食的颗粒也要由小到大逐渐变化，让宝宝逐渐适应。一般来说，4~6个月的宝宝只能添加液体辅食，如米汤、蔬菜汁、水果汁等；7~9个月的宝宝可以添加精细食物，如烂面条、蔬菜泥、芝麻糊、鱼肉粥等；10~12个月的宝宝可以食用小块儿食物，13~24个月的宝宝可以食用大块一点的食物，25个月以上的宝宝就可以食用常规食物了。

宝宝辅食要少糖、无盐

　　宝宝辅食中"少糖"指的是给宝宝做辅食时尽量不放或少放糖。宝宝的辅食中少放糖或不放糖可以保留食物原有的味道，同时也能使宝宝适应少糖的饮食，以免日后有产生肥胖的可能。1岁以内的宝宝饮食中不能加盐，因为宝宝的肾脏不能排除多余的钠盐，食用加盐的辅食会加重宝宝的肾脏负担，对宝宝的健康产生不利影响。1岁之后的宝宝辅食中也要尽量少放盐，培养宝宝清淡的口味，同时也可以避免宝宝挑食，减少成年以后患高血压的风险。

6个月宝宝吃多少奶粉和辅食

　　如果是混合喂养，6个月的宝宝如果是男孩每次的奶量不能少于180毫升，如果是女孩不能少于160毫升，三小时一喂，辅食也是一样的。但是如果宝宝晚上9点多喝了一次奶，这一夜他可以睡到第二天的6点、7点，这一个晚上可以不给宝宝吃奶和其他的辅食，否则会影响宝宝的生长发育。

家长们不能错过的注意事项

　　①食物要呈泥糊状、软滑、易咽，不要加盐，因为母乳或配方奶中所含的钠已经满足宝宝生长发育所需的了。

　　②家长们可根据孩子的作息时间，合理安排进食时间，如果宝宝在睡觉就不要打扰他了，等到宝宝睡醒再喂奶或吃辅食。

　　③如果宝宝一时间不接受辅食，可在辅食中添加一些奶，宝宝会比较容易适应；如果宝宝不排斥辅食，可以先喂完奶后再喂一些辅食，以免影响奶的摄入量。

需要添加的食物是哪些？

大米糊打响首战

一开始，以1:10的比例调整大米和水的使用量。浓度接近母乳，用汤匙舀起时，米糊容易往下流，就可以确定这个浓度比较适中了。根据孩子接受的程度逐渐调整米糊的浓度，当汤匙稍微倾斜时，汤匙上的米糊呈现半流动状态，用大米粉制作这种状态的粥就可以了。

待孩子适应了米糊后，就可以逐步增加新的食材

如果孩子对于米糊，表现出良好的消化吸收状态，就可以往米糊中添加蔬菜和水果。无论是水果还是蔬菜，无任何严格的顺序规范。一次只添加一种食品，每隔3~5日，添加一种新材料。

①蔬菜汁、果汁、果泥

蔬菜汁、果汁和果泥是宝宝长牙之前补充维生素以及矿物质的良好食物来源。将蔬菜和水果打成汁或磨成泥，极容易消化，口感又好。

②鸡蛋

鸡蛋是一种营养非常丰富的食物。蛋黄中含有非常丰富的维生素A、维生素B_2，还有镁、钙、磷等微量元素，对宝宝的视力、骨骼和大脑发育都非常有好处。

③米粉

2002年世界卫生组织提出，谷类食物应该是宝宝首先添加的辅食。在谷类食物中，米粉既安全，又含有铁元素，比较适合作为宝宝的第一种辅食。

宝宝刚开始吃米粉时，可以调得稀一点，等宝宝逐渐适应以后再慢慢加稠。调米粉的水温在70~80℃。温度过高会破坏米粉中的营养成分，温度过低则容易结块，容易导致宝宝消化不良。

④汤

肉汤、骨头汤或菜汤都很适合宝宝。工作繁忙的妈妈可以在周末的时候炖好一锅高汤，用饭盒分装好放入冰箱冷冻，用的时候拿一份出来就可以给宝宝做成菜汤或肉汤了。需要注意的是，在给宝宝添加辅食的初期，要把汤中的油脂撇掉，以免加重宝宝的肠胃负担。等宝宝大一些了，就可以慢慢添加少量油脂。

菠菜水

食谱推荐

原 料： 菠菜60克

Tips

菠菜含有丰富纤维素，适当地给宝宝喂食，有助于消化。

做法：

1. 将洗净的菠菜切去根部，再切成长段，备用。
2. 砂锅中注入适量清水烧开，放入切好的菠菜，拌匀。
3. 加盖，烧开后用小火煮约5分钟至其营养成分析出，关火，将汁水装入杯中即可。

苹果汁

原料：苹果90克

做法：

1. 苹果削皮，切成丁。
2. 取榨汁机，选择搅拌刀座组合，倒入苹果丁和少许温开水，盖上盖。
3. 选择"榨汁"功能，榨取苹果汁，断电后倒入碗中即可。

胡萝卜汁

材料：胡萝卜85克

做法：

1. 洗净的胡萝卜切小块，倒入榨汁机中。
2. 再注入适量纯净水，盖好盖子，选择"榨汁"功能，榨出胡萝卜汁。
3. 断电后倒出胡萝卜汁，装入杯中即可。

胡萝卜水

材料：胡萝卜100克

做法：

1. 胡萝卜去皮，洗净切片。
2. 把适量水煲滚，放入胡萝卜片，煲滚后慢火再煲1小时，滤去渣即可。

猕猴桃汁

材料：猕猴桃果肉100克

做法：

1. 猕猴桃果肉切小块，倒入榨汁机中。
2. 再注入适量纯净水，盖好盖子，选择"榨汁"功能，榨出果汁。
3. 断电后倒出猕猴桃汁，装入杯中。

玉米汁

原料： 鲜玉米粒70克

做法：

1. 取榨汁机，倒入玉米粒和少许温开水，榨取汁水。
2. 锅置火上，倒入玉米汁。
3. 加盖，烧开后用中小火煮约3分钟至熟，揭盖，倒入杯中即可。

西瓜汁

原料： 西瓜400克

做法：

1. 洗净去皮的西瓜切小块。
2. 取榨汁机，选择搅拌刀座组合，放入西瓜，加入少许矿泉水。
3. 盖上盖，选择"榨汁"功能，榨取西瓜汁，倒入杯中即可。

雪梨汁

原料：雪梨270克

做法：

1. 洗净去皮的雪梨切开，去核，把果肉切成小块，备用。
2. 取榨汁机，选择搅拌刀座组合，倒入雪梨块，注入适量温开水，盖上盖。
3. 选择"榨汁"功能，榨取汁水，断电后倒入杯中，撇去浮沫即可。

番茄汁

材料：番茄250克

做法：

1. 将番茄洗净，用沸水焯烫去皮，切碎，用清洁的双层纱布包好。
2. 把番茄汁挤入小盆内，用温开水冲调即可。

大米汤

原料： 水发大米100克

做法：

1. 取电饭锅，倒入大米，注入清水至水位线1，拌匀。
2. 盖上盖，选择"米粥"功能，时间为45分钟，开始蒸煮。
3. 蒸煮完成后按"取消"键断电，盛出煮好的汤，装入碗中即可。

红枣苹果浆

原料： 新鲜红枣100克，苹果200克

做法：

1. 将红枣和苹果洗净用开水略烫备用。
2. 红枣倒入炖锅加水用微火炖至烂透，去皮去核。
3. 将苹果切成两半，去皮去核，用小勺将果肉刮出泥，倒入红枣锅中略煮即可。

栗子奶糊

原料： 板栗100克，配方奶150毫升

做法：

1. 栗子洗净，去壳去皮，倒入榨汁机，将其打成汁。
2. 榨好的栗子汁倒入奶锅中，倒入配方奶。
3. 开小火加热至浓稠，倒入碗中即可。

核桃杏仁糊

原料： 杏仁30克，糯米粉30克，核桃仁30克

做法：

1. 杏仁、核桃仁倒入榨汁机中，注水，盖上盖，榨成坚果汁，倒入碗中。
2. 砂锅中倒入清水，倒入糯米粉，煮开后倒入拌匀的坚果汁。
3. 加盖，调至大火煮2分钟至沸腾即可。

玉米奶糊

原料： 玉米粒150克，配方奶150毫升

做法：

1. 洗净的玉米粒倒入榨汁机中，将其打成玉米汁。
2. 榨好的玉米汁倒入奶锅中，倒入配方奶。
3. 开小火加热至浓稠，倒入碗中即可。

菠菜泥

原料： 白米糊20克，菠菜30克

做法：

1. 菠菜洗净后，快速焯烫并沥干水分。
2. 将菠菜放入搅拌机中搅打成泥状，再用滤网过滤。
3. 将菠菜泥、白米糊倒入锅中，加入少许水，煮滚即可。

7~8 个月：
泥泥糊糊状的辅食

7个月宝宝喂养重点仍然在于如何添加辅食。7个月宝宝的牙齿依然没有长全，因此，辅食还是以松软、易消化为主。可以吃稠一点的米粥、面片、馄饨，其中可以加些碎菜、蛋黄、鸡鱼肉沫，这样营养更丰富。

为什么要在7个月添加泥泥糊糊的辅食？

7~8个月的宝宝进入食物的质地敏感期，而且逐渐开始长牙，牙龈有痒痛的感觉，所以喜欢吃稍微有颗粒、粗糙些的辅食。应逐渐改变食物的质感和颗粒的大小，逐渐将半流质向泥糊状食物过渡，既缓解长牙的不适，又帮助出牙。

辅食的添加要点

增加辅食种类和数量

这个月的宝宝的饮食以末状食物为主，如肉末、鱼泥、稀饭、豆腐、煮鸡蛋、鸡蛋饼、馄饨、面条汤、熟香蕉等。以食物的多元化，保证宝宝发育的需要。

如果再想给宝宝补充一些钙，建议给宝宝喂食一些排骨汤、虾米、牛奶、鸡蛋类辅食。

食物的形态可从汤汁或糊状过渡至稍稠的糊状食物；五谷根茎类的食物种类，可以增加稀饭、面条等；纤维较粗的蔬果和太油腻、辛辣刺激或筋太多的食物，仍然不适合喂宝宝吃。

喂食前，先试试食物的温度，别烫着宝宝了。添加辅食是宝宝锻炼吞咽和咀嚼能力的最好办法。经过一段时间的锻炼，才能顺利吞咽食物。

辅食时间安排

对于这个时期的宝宝，一天可以添加三次辅食，蛋类、豆类、鱼类、肉类、五谷类、蔬菜类及水果类都要摄入。要尽量使宝宝从一日三餐的辅食中摄取所需营养的2/3，其余1/3从奶中补充。辅食的形态应该以柔嫩、半流质为好。加喂辅食时间可安排在上午10时、下午2时和6时。这个月龄的宝宝每天奶量不少于500~700毫升。每日可安排4次奶、2餐饭、1次点心和水果，辅食的量可以逐渐加至2/3碗（6~7匙）。

注意辅食种类的均衡

宝宝消化功能增强，辅食种类也要不断增加，以保证宝宝摄入足够的营养。父母在给宝宝喂辅食的时候，要注意营养的均衡搭配。宝宝消化蛋白质的胃液已经可以充分发挥作用了，可适当多让宝宝吃一些蛋白质食物，如豆腐、蛋类、奶制品、鱼、瘦肉末等。碳水化合物、维生素等营养成分也不能少。

为使牙齿坚固可给蔬菜棒

宝宝慢慢地要开始长牙了，宝宝可能会因为痒，变得非常想咬东西。他会嘴巴靠着塑胶制的小杯子，咬杯口的边缘。若仔细观察看到宝宝已经长出小小的白牙时，除了用餐外，可以给宝宝一些让他可以锻炼坚固牙齿的东西。蔬菜棒对宝宝咬的练习是不错的食物，但有时会不小心咬断而噎着。若给宝宝硬的芹菜或胡萝卜，母亲则必须待在宝宝的身边小心看护。

家长们不能错过的注意事项

①宝宝直接吞食食物没有咀嚼过程

宝宝已经7、8个月大了，但还是无法闭口咀嚼食物，而是直接吞食，面对这种情况，母亲示范咀嚼食物的动作给宝宝看是最好的解决方法。家长在吃的同时告诉宝宝"嚼一嚼，很好吃哦"，让宝宝看着母亲咀嚼时嘴巴的动作。这样，宝宝就会在模仿中慢慢学会咀嚼食物。同时，母亲也要确认食物的柔软度。有时，宝宝无法咀嚼，还有可能是因为家长喂食的速度太快了。

②宝宝食欲旺盛

对于7~8个月大的宝宝来说，有点胖的现象其实并不需要过分担心。宝宝的食欲是不稳定的。宝宝过了1岁后，运动量会增加，身体会变得较结实，自然就会变瘦。所以，要适当满足宝宝的食欲。只是宝宝的食谱要注意均衡饮食营养。

③比同龄的孩子要瘦小

小孩子的成长方式各有不同。如果和别家的小孩比较起来，自家的宝宝较瘦，也不用过分担心。虽然现在长得比较小，也许在某段时间会突然长高长大。只要宝宝是健康地在成长就不用担心了。

④善于引导宝宝自己喂食

给宝宝示范如何咀嚼食物并进行吞咽下去。可以多试几次，让他有更多的学习机会。

当把汤匙靠近宝宝的嘴时，宝宝会想用手拿汤匙，或用手抓东西吃。虽然宝宝这种举动会令家长们很费时费事，但请忍耐一下，为了某天能够让他自己吃饭，这是很重要的训练。宝宝想拿汤匙时，可为他再准备另一根汤匙。若宝宝想自己喂食自己时，就给他试试，但是他会把碗打翻或把饭菜弄得满桌都是，因此记得准备好围兜和湿棉布以擦拭宝宝的嘴巴和小手。

⑤这个阶段的烹调方式

此时期虽然可以添加些许的调味料，但其实多种食材丰富的口感已经可以满足宝宝的味觉需求了。因此，不宜按照大人的食盐量、口味来制作宝宝的辅食，宝宝的饮食应清淡为佳。

需要添加的食物是哪些？

添加富含矿物质的食材

补钙的食物	奶及奶制品；豆及豆制品；可连骨、壳一起吃的小鱼、小虾；绿色蔬菜；海带、紫菜、发菜、芝麻、芝麻酱等。
补磷的食物	磷普遍存在于各种动、植物性植物中，瘦肉、鱼、禽、蛋、乳及其制品含磷丰富，是磷的重要食物来源。另外，坚果、海带、紫菜、油料种子、豆类食物含磷量也较高。只要食物中蛋白质、钙的含量充足，也就有充足的磷。谷类植物中的磷主要为植酸磷，其吸收率较低。
补铁的食物	动物肝、肾、血及红肉；豆类、木耳、芝麻酱；红糖、蛋黄等。但蛋黄中的高磷蛋白会干扰铁的吸收，因此补铁效果不是很好。
补锌的食物	牡蛎等贝壳类海产品、红色肉类、动物内脏（少量）；干果类、谷类胚类、麦麸、花生和花生酱；蛋类、豆芽和燕麦类等。
补碘的食物	碘含量高的食物是海产品，如海带、紫菜的碘含量都很高。或在给宝宝选择婴幼儿配方食品时可以选购含碘的产品，辅助宝宝补碘。

炖鱼泥

Tips

鱼肉易消化吸收，婴幼儿经常食用鱼类，能促进机体的生长发育。

原料： 草鱼肉80克，胡萝卜70克，高汤200毫升，葱花少许

调料： 水淀粉、食用油各适量

做法：

1. 将洗净的胡萝卜切片，装入盘中；草鱼肉切片，装碗中，倒入少许高汤。

2. 蒸锅上火烧开，放入鱼肉、胡萝卜，蒸至熟。将蒸熟的胡萝卜和鱼肉压碎并剁成末。

3. 用油起锅，倒高汤、鱼汤、鱼肉、胡萝卜、水淀粉，拌匀，煮沸。

4. 将锅中材料盛出，装入碗中，放入胡萝卜末，撒上葱花即可。

燕麦南瓜泥

原料： 南瓜250克，燕麦55克

做法：

1. 将去皮洗净的南瓜切成片；燕麦装入碗中，加入少许清水浸泡一会。
2. 蒸锅置于旺火上烧开，放入南瓜、燕麦，用中火蒸至燕麦熟透，取出。
3. 继续蒸5分钟至南瓜熟软，取出蒸熟的南瓜装碗，加入燕麦搅拌成泥状，盛入另一个碗中即可。

蔬果泥

原料： 哈密瓜120克，西红柿150克，香蕉70克

做法：

1. 将哈密瓜去籽，剁成末；洗好的西红柿剁成末；洗净的香蕉去除果皮，把果肉剁成泥。
2. 取一碗，倒入西红柿、香蕉、哈密瓜，搅拌均匀。
3. 另取一碗，盛入拌好的水果泥即可。

小米胡萝卜泥

原料：小米50克，胡萝卜90克

Tips
胡萝卜有健脾消食、降气止咳的作用，宝宝可适当食用一些。

做法：

1. 将洗净的胡萝卜切成粒。
2. 汤锅中加入清水、小米，煮至熟烂，盛入滤网中，滤出米汤。
3. 把胡萝卜放入烧开的蒸锅中，蒸10分钟至熟，取出。
4. 取榨汁机，把胡萝卜倒入杯中，倒入米汤，榨成浓汁，倒入碗中即可。

豌豆糊

原料： 豌豆120克，鸡汤200毫升

做法：

1. 汤锅中注入清水，倒入洗好的豌豆，煮15分钟至熟，捞出，沥干水分。

2. 取榨汁机，倒入豌豆，加适量鸡汤，榨成豌豆鸡汁，倒入碗中。

3. 把剩下的鸡汤倒入汤锅中，加入豌豆鸡汁，拌匀煮沸。

4. 盛出装入碗中即可。

西蓝花胡萝卜泥

原料： 白米糊30克，西蓝花10克，胡萝卜10克

Tips
西蓝花与胡萝卜搭配做辅食，可以中和其青涩味，食用后有促进生长发育的作用。

做法：

1. 西蓝花洗净，用滚水焯烫后取花蕾部分磨碎。
2. 胡萝卜洗净、去皮，蒸熟后捣成泥。
3. 锅中放入白米糊、磨碎的西蓝花和胡萝卜泥，煮滚即可。

肉蔬糊

原料：土豆150克，胡萝卜50克，瘦肉40克，洋葱20克，高汤200毫升

做法：

1. 洗净去皮的土豆、胡萝卜切片；瘦肉剁成肉末；洗净的洋葱切碎末。
2. 将土豆和胡萝卜放入蒸盘，入蒸锅蒸至熟软，倒入榨汁机中，盖上盖子，制成蔬菜泥。
3. 汤锅置于火上，加入高汤、洋葱、肉末、蔬菜泥，煮熟，盛出即可。

西蓝花糊

原料：西蓝花150克，配方奶粉8克，米粉60克

做法：

1. 汤锅中注水烧开，放入洗净的西蓝花煮熟，捞出放凉，切碎。
2. 取榨汁机，将西蓝花放入搅拌杯中，加入清水，榨成汁，倒入碗中。
3. 将西蓝花汁倒入汤锅中，倒入米粉、奶粉，煮成米糊。
4. 将煮好的米糊盛出，装碗中即可。

豆腐蛋黄泥

Tips

豆腐含蛋白质、大豆卵磷脂，有利于宝宝大脑的生长发育、防止口腔溃疡。

原料：豆腐100克，鸡蛋1个，葱末适量

做法：

1. 豆腐洗净，放入开水中余烫后，压成泥。
2. 锅中注水烧热，放入鸡蛋，待鸡蛋煮熟后捞出，取出蛋黄，磨成泥。
3. 将豆腐泥和蛋黄泥倒入碗中，混合均匀。
4. 加入适量葱末，搅拌均匀即可。

哈密瓜泥

原料： 哈密瓜80克

做法：

1. 用汤匙挖取哈密瓜中心熟软的部分，放入搅拌机中搅打成泥。
2. 倒出果泥，用筛网过滤。
3. 哈密瓜汁中加入适量冷开水，稀释即可食用。

苹果泥

原料： 苹果40克

做法：

1. 苹果洗净，去皮和籽，磨成泥。
2. 在磨好的苹果泥中加入适量的温开水稀释，搅拌均匀即可。

蛋黄菠菜泥

原料：菠菜150克，鸡蛋50克

做法：

1. 锅中注水烧开，放入菠菜，焯煮约1分钟，捞出，沥干水分后切碎末。
2. 将鸡蛋打入碗中，取蛋黄。
3. 汤锅中注入清水烧热，倒入菠菜末，拌匀，煮沸，淋入蛋黄，煮至液面浮起蛋花，盛出煮好的食材，放在碗中即可。

鸡肝土豆糊

原料：米碎80克，土豆80克，净鸡肝70克

做法：

1. 将去皮洗净的土豆切小块。
2. 蒸锅上火烧沸，放入装有土豆块和鸡肝的蒸盘，蒸约15分钟至食材熟透，取出，把土豆、鸡肝分别压成泥。
3. 汤锅中注入清水烧热，倒入米碎，煮约4分钟，倒入土豆泥、鸡肝，拌匀煮沸，盛出放在小碗中即可。

9~10 个月：
半固体状辅食的尝试

这阶段的宝宝大多已经开始长牙，消化能力也进一步提高，因此，可以吃一些半固体食物。另外，宝宝三餐也可以定时了。妈妈可以准备一些果蔬牛奶的粥、羹来给宝宝吃，弥补母乳减少后维生素、钙的缺乏。

为什么要在 9 个月添加半固体状的辅食？

对于本阶段的宝宝，牙齿生长速度相对较快，宝宝已经可以开始吃面条、肉末、馒头等比较软的固体食物了。除了不能吃花生、瓜子等比较硬的食物外，大人们平时吃的东西都可以让宝宝逐渐尝试着吃。因为这个时期，宝宝已经长出几颗牙齿，并且胃肠功能已逐渐发育健全。如果此时还继续给宝宝喂养过于精细的辅食，就会导致宝宝的咀嚼、吞咽功能得不到应有的训练，不利于牙齿萌出和正常排列，勾不起宝宝的食欲，也不利于宝宝的味觉发育。

辅食的添加要点

如何判断给宝宝添加半固体食物

首先，宝宝要对食物产生兴趣，看见食物后拍手或表示开心，这说明宝宝已经从心里接受食物，并对食物有所期待。其次，宝宝进食后，可以独立咀嚼食物，并且顺利咽下，不会出现呕吐等现象。最后，家长要时刻观察宝宝进食后有无不适的症状，或大便性状是否正常。如果无任何异常现象出现，那么可以说明宝宝已经完全适应了半固体食物，家长们完全可以逐步添加这一类辅食了。

宝宝的奶和辅食的比例为4∶6

宝宝的喂养已经可以开始从辅食变为主食，营养密度应该进一步增加，因为母乳已经无法满足宝宝所需的全部营养。因此，奶和辅食的比例也逐渐发生变化为4∶6。从这个时期开始，家长们要控制宝宝的进餐时间，以20~30分钟为限，在此期间要注意宝宝的营养平衡，更要做到均衡膳食。

香蕉可以作为软硬度标准

这个时期可以建立咬食的力量和方法。宝宝前方的牙齿已经长出，但后方的牙齿还没长出，此时可利用后方的牙龈来嚼碎食物后再吞食。食物太软或太硬的话，都不利于宝宝牙齿生长，所以这个时期的食物硬度是非常重要的。标准是以牙龈能嚼碎的硬度为准，约是香蕉的硬度。

如何添加辅食

这时期的宝宝建议每天喂三顿奶、三顿辅食。

第一顿在早上6点左右，添加奶粉；第二顿，在早上8点左右，早饭吃些辅食类；第三顿，就是在中午12点左右，午饭吃些辅食类；第四顿，在下午2、3点的时候，给宝宝喝些奶粉；第五顿，晚饭在6点左右，吃辅食类；第六顿，夜宵在晚10点左右，喝些奶粉就让宝宝睡觉了。

总之，早、中、晚三顿辅食以粥、烂饭、软面为主，奶粉作为点心。适量增加鸡蛋羹、肉末、蔬菜之类的辅食。多给孩子吃新鲜的水果，但吃之前要帮他去皮去核。

家长们不能错过的注意事项

①有意识地给宝宝三餐定时

一般9个月的宝宝已长出3~4颗乳牙，同时具有一定的咀嚼能力和消化能力，这时除了早晚各喂一次母乳外，白天可逐渐停止母乳，同时在每天安排早、中、晚三餐辅食。这个时候，宝宝已经逐渐进入断奶后期。

②进食的基本教育

这个时期的宝宝逐渐喜欢跟家人坐在餐桌前吃饭，但是要避免油炸、刺激、不易消化的食品，培养宝宝独立吃饭的能力。

用餐前，先用毛巾将手和嘴四周擦干净，戴上围兜，母亲先对宝宝打个招呼说"吃饭了"之后，再喂他。

③宝宝应该吃完饭再玩

当他开始玩时，就停止喂食吧。只要饿了他就会又想吃的。一个安静和谐的就餐环境也有利于宝宝专心地进食，减少能够分散宝宝注意力的事物也能更有效地培养宝宝的餐桌礼仪。

④宝宝挑食怎么办？

家长们不必对这一现象过于紧张，以致采取强制态度，造成宝宝的抵触情绪。宝宝对于新的食物，一般要经过舔、勉强接受、吐出、再喂、吞等过程，反复多次才能接受。父母应该耐心、少量、多次地喂食，并给予宝宝更多的鼓励和赞扬。

孩子的模仿能力强，对食物的喜好容易受家庭的影响。作为父母，更应以身作则，不挑食，不暴饮暴食，不过分吃零食。

⑤不要用家长们嚼过的食物喂养宝宝

大人口腔中的一些病菌会通过咀嚼食物传染给宝宝。让宝宝自己咀嚼，可以刺激牙齿的生长，并反射性地引起胃内消化液的分泌，增进食欲，唾液也可因咀嚼而增加分泌量。

需要添加的食物是哪些？

添加富含维生素A的食物	维生素A是构成视觉细胞中感受弱光的视紫红质的组成成分。缺乏维生素A可影响视紫红质的合成，导致暗光下的视力障碍，出现夜盲症或干眼症。除此之外，宝宝如果体内缺乏维生素A，会出现皮肤干燥、抵抗力下降等症状。另外，维生素A有助于巨噬细胞、T细胞和抗体的产生，能增强婴幼儿抗御疟疾的能力。其对促进婴幼儿骨骼生长同样意义重大，当婴幼儿体内缺乏维生素A时，骨组织将会发生变性，牙齿发育缓慢、不良。
补充B族维生素	维生素B_1的重要功能是调节体内糖代谢、促进胃肠蠕动、帮助消化、提高免疫力。维生素B_1广泛存在天然食物中，最为丰富的来源是葵花子仁、花生、瘦猪肉，其次为粗粮、米糠、全麦、燕麦等谷类食物。维生素B_2又称核黄素，是宝宝健康成长所必需的维生素之一。维生素B_2摄入不足临床主要表现为唇干裂、口角炎、舌炎等。维生素B_6是制造抗体和红细胞的必要物质，它可以帮助蛋白质的代谢和血红蛋白的构成，促进生成更多的血红细胞来为身体运载氧气。
给宝宝准备一些带果皮的水果	果皮中维生素含量更为丰富，很多水果的精华部分都在其果皮中，例如苹果。但是在给宝宝食用前，家长要注意清洗干净，以免果皮上的细菌或者农药残留物损害宝宝的身体健康。给孩子吃水果宜在饭后2小时或饭前1小时。吃水果后要告诉宝宝及时漱口，有些水果含有多种发酵糖类物质，对宝宝牙齿有较强的腐蚀性，食用后若不漱口，口腔中的水果残渣易造成龋齿。
添加有硬度的食物	给宝宝添加一些可以用手抓着吃的食物。对过敏体质的宝宝而言，海鲜类的食物需要谨慎添加，甲壳类食物，如虾、蟹等最好等到1岁以后再添加。从稠粥转为软饭，从烂面条转为馄饨、包子、饺子、馒头片，从肉粒、菜粒转为碎菜、碎肉、小块的水果等。

金枪鱼南瓜粥

原料： 金枪鱼肉70克，南瓜40克，秀珍菇30克，水发大米100克

做法：

1. 洗净去皮的南瓜切粒状，洗好的秀珍菇切丝，洗净的金枪鱼肉切丁。
2. 砂锅中注入清水烧开，倒入洗净的大米，煮约10分钟，倒入金枪鱼肉、南瓜、秀珍菇，拌匀，煮约25分钟至所有食材熟透，拌至粥浓稠，盛出煮好的南瓜粥即可。

核桃蔬菜粥

原料： 胡萝卜、水发大米各60克，豌豆30克，核桃粉15克，白芝麻少许

调料： 芝麻油少许

做法：

1. 洗好去皮的胡萝卜切段。
2. 锅中注水烧开，倒胡萝卜、豌豆，煮约3分钟至断生，捞出，沥干水分。
3. 把放凉的胡萝卜、豌豆剁成细末。
4. 砂锅中注水烧开，倒大米，煮约20分钟至大米熟软，倒豌豆、胡萝卜、白芝麻，拌匀，至食材熟透，倒入核桃粉、芝麻油，搅匀即可。

鲜鱼豆腐稀饭

Tips

草鱼对血液循环有利，是开胃、滋补、健脑的佳品。

原料：草鱼肉80克，胡萝卜50克，豆腐100克，洋葱25克，杏鲍菇40克，稀饭120克，海带汤250毫升

做法：

1. 蒸锅上火烧开，放入草鱼肉，用中火蒸约10分钟至熟，取出放凉待用。
2. 将洗净的胡萝卜切成粒，洗好的洋葱切成碎末。
3. 将洗净的杏鲍菇切成粒，洗好的豆腐切小方块。
4. 将放凉的草鱼肉去除鱼皮、鱼骨，把鱼肉剁碎，备用。
5. 砂锅中注水烧开，放入海带汤、草鱼、杏鲍菇、胡萝卜、豆腐、洋葱稀饭煮熟。
6. 关火后盛出煮好的稀饭即可。

茄子稀饭

原料： 茄子60克，牛肉80克，胡萝卜50克，洋葱30克，软饭150克

调料： 食用油适量

做法：

1. 胡萝卜、洋葱、茄子切粒，牛肉剁末。

2. 锅中注油烧热，倒入牛肉末，加入洋葱、胡萝卜、茄子，拌炒约1分钟至食材熟透，盛出炒好的食材。

3. 汤锅中注水烧开，倒入软饭，再倒入炒好的食材，煮20分钟至软烂，将稀饭盛入碗中即可。

牛肉白菜汤饭

原料： 牛肉50克，虾仁60克，胡萝卜55克，白菜70克，米饭80克，海带汤300毫升

调料： 芝麻油少许

做法：

1. 锅中注水烧开，分次放入牛肉、虾仁，煮约10分钟至断生，捞出。

2. 洗净的胡萝卜、牛肉切粒；洗净的白菜切丝；虾仁剁碎。

3. 砂锅置于火上，倒入海带汤、牛肉、虾仁、胡萝卜，煮约10分钟，倒入米饭、白菜，续煮约10分钟，淋入芝麻油。

土豆稀饭

原料： 土豆70克，胡萝卜65克，菠菜30克，稀饭160克

调料： 食用油少许

Tips

没有食欲的幼儿，坚持吃一段时间，能促进身体健康，且不易长胖。

做法：

1. 锅中注水烧开，倒入菠菜拌匀，煮至变软，捞出，沥干水分。

2. 把放凉的菠菜切碎；洗净去皮的土豆切开，切成粒。

3. 洗好的胡萝卜切片，再切细丝，改切成粒。

4. 煎锅置于火上，倒入食用油烧热。

5. 放入土豆、胡萝卜，炒匀炒香，注入适量清水，倒入稀饭。

6. 放入切好的菠菜，炒匀炒香，用大火略煮片刻，至食材熟透即可。

鲜虾汤饭

Tips
菠菜含有多种维生素和矿物质，对宝宝的发育极有好处。

原料： 虾仁45克，菠菜50克，秀珍菇35克，胡萝卜45克，软饭170克

做法：

1. 将洗净的菠菜切粒，洗净的秀珍菇剁成粒，洗净的胡萝卜切粒，洗净的虾仁剁成粒。

2. 汤锅中加入清水烧开，放入胡萝卜、秀珍菇、软饭，拌匀，煮20分钟至食材软烂。

3. 倒入虾仁、菠菜，拌匀。

4. 把煮好的汤饭盛出，装碗中即可。

鸡肝面条

原料：鸡肝50克，面条60克，小白菜50克，蛋黄液少许

调料：食用油适量

做法：

1. 将小白菜切碎，把面条折成段。
2. 锅中注水烧开，放入鸡肝，煮5分钟至熟，捞出，将放凉的鸡肝剁碎。
3. 锅中注水烧开，放油、面条，搅匀，煮5分钟至面条熟软，放入小白菜、鸡肝，拌匀煮沸，倒入蛋黄液，搅匀，把煮好的面条盛入碗中即可。

菠菜小·银鱼面

原料：菠菜60克，鸡蛋1个，面条10克，水发银鱼干20克

调料：食用油4毫升

做法：

1. 将鸡蛋打入碗中，去掉蛋清，留蛋黄液，搅散。
2. 洗净的菠菜切段，把面条折小段。
3. 锅中注水烧开，放油、银鱼干，煮沸后倒入面条，煮约4分钟，至面条熟。
4. 倒入菠菜，拌匀，煮至面汤沸腾。
5. 倒入蛋液，续煮片刻至液面浮现蛋花，盛出煮好的面条即可。

排骨汤面

原料：排骨130克，面条60克，小白菜、香菜各少许

调料：料酒4毫升，白醋3毫升，天然橄榄油适量

做法：

1. 将香菜洗净切碎，小白菜洗净切段。
2. 锅中注水，倒入排骨，加入少许料酒、白醋，煮30分钟，捞出排骨。
3. 将面条折成段倒入汤中，拌匀，煮5分钟至熟透，加入小白菜、天然橄榄油，拌匀，煮沸，盛入碗中，再放香菜。

鸡肉包菜汤

原料：鸡胸肉50克，包菜60克，胡萝卜75克，高汤600毫升，豌豆40克

调料：水淀粉适量

做法：

1. 锅中注入清水烧热，放入鸡胸肉，煮约10分钟，捞出，沥干水分。
2. 将放凉的鸡肉切粒，豌豆切碎，洗净的胡萝卜切粒，洗净的包菜切碎。
3. 锅中加水烧开，倒入高汤、鸡肉、豌豆、胡萝卜、包菜，拌匀，煮约5分钟，加入水淀粉，拌匀，盛出即可。

胡萝卜豆腐泥

Tips

胡萝卜所含的营养丰富，是宝宝们营养早餐的不二选择。

原料： 胡萝卜85克，鸡蛋黄1个，豆腐90克

调料： 水淀粉3毫升

做法：

1.鸡蛋黄倒入碗中，打散调匀；胡萝卜切丁；豆腐切小块。

2.胡萝卜、豆腐放入蒸锅中蒸至完全熟透，取出。

3.胡萝卜倒在砧板上，剁成泥；豆腐倒在砧板上压烂。

4.锅中注水烧开，放入胡萝卜泥、豆腐泥、蛋黄液、水淀粉，拌匀。

11~12 个月： 固体状辅食的加入

宝宝快1岁了，身体各方面都有了很大的变化，这个时期的宝宝要一日三餐，可以吃丁块固体食物，以乳类为主渐渐过渡到以谷类食物为主，并逐步替代母乳，补充宝宝身体发育所需要的各种营养。

为什么要在 11 个月添加固体状的辅食？

随着年龄增长，宝宝的食谱不仅食物种类逐渐增多，质地也逐渐变稠变干、颗粒逐渐变大。练习咀嚼有利于宝宝胃肠功能发育，有利于唾液腺分泌，提高消化酶活性，促进消化、吸收。

辅食的添加要点

满足宝宝体内碘的需求

碘是人体所不可缺少的一种微量元素，是人体内甲状腺激素的主要组成部分，甲状腺激素可以促进身体的生长发育，影响大脑皮质和交感神经的兴奋。因此，碘缺乏可影响宝宝脑发育，造成智力缺陷和体格发育不良。

如果发现宝宝出生后哭声无力、声音嘶哑、腹胀、不愿吃奶或吃奶时吸吮没劲、经常便秘、皮肤发凉、浮肿以及皮肤长时间发黄不退时；或当宝宝醒来时，手脚很少有动作或动作甚为缓慢，甚至过了几个月也不会抬头、翻身、爬坐时，就应该高度重视宝宝是否有甲状腺低下的可能，应该及早到医院检查确诊。

补硒是关键

硒是人体内重要的微量元素，能调节人体免疫功能，同时保证心肌能量供给，改善心肌代谢，保护心脏。缺乏硒的宝宝，轻者容易厌食、不喜欢吃饭；重者抵抗力差、免疫力低下，影响宝宝的生长发育。

硒对于维持视觉器官的功能极为重要。支配眼球活动的肌肉收缩、瞳孔的扩大和缩小，都需要硒的参与。硒也是机体内一种非特异性抗氧化剂的重要组成部分之一，而这种物质能清除体内的过氧化物和自由基，使眼睛免受伤害。硒还能增强宝宝的智力和记忆力，促进大脑的发育。因此，补硒应该从添加辅食做起。

少吃多餐

宝宝的胃很小，但对于热量和营养的需求却相对大一些，不要给宝宝一餐吃太饱，最好的方法就是每天进食5~6次，适量就好。

如何添加辅食

应逐渐增加辅食的量，为断奶作准备，但每日饮奶量不应少于600毫升。

宝宝到11个月时，乳牙已经萌出5～7颗，有了一定的咀嚼能力，消化机能也有所增强，此时可以用代乳食品和奶粉喂养。

主食

母乳及其他（稠粥、鸡蛋、菜肉粥、菜泥、配方奶、豆浆、豆腐脑、面片、烂面条等）。

餐次及用量

母乳上午6时、晚10时各1次；上午10时，稠粥或菜肉粥1小碗，菜泥3～4汤匙，鸡蛋0.5个；下午2时，牛奶、豆浆或豆腐脑等，100克/次；晚6时，面片或烂面条1小碗。

辅助食物

①水、果汁、水果泥等，任选1种，120克/次，上午10时。

②浓缩鱼肝油：2次/日，3滴/次。

③各种蔬菜、肉末、肉汤、碎肉等，适量，下午6时。

④蛋类及其制品，可在上午6时添加，鸡蛋添加0.5个即可。

需要添加的食物是哪些？

添加富含硒元素的食物	硒存在于很多食物中，含量较高的有鱼类（如金枪鱼、沙丁鱼等）、虾类等水产品，其次为动物的心、肾、肝等内脏。蔬菜中含硒量最高的为大蒜、芦笋、蘑菇，其次为花菜、西蓝花、洋葱、百合、豌豆、大白菜、南瓜、白萝卜、西红柿等。一般而言，人对植物中有机硒的利用率较高，可以达到70%~90%，而对动物食物中硒的利用率较低，只有50%左右。所以还是建议多吃蔬菜。 现在人们一般提出补硒，指的都是有机硒。有机硒的最大特点是易于人体吸收利用，安全无副作用。另一个重要特点是，有机硒常常以菌、藻、蛋白质等作为载体，也就是说在摄入有机硒的同时，还能摄入载体的其他有效营养成分，如蛋白质、多糖体等，这些营养成分与硒协同作用，具有明显的保健功能，能促进宝宝健康成长，增强大脑功能，让宝宝更加聪明。
主食以谷类为主	每天吃米粥、软面条、麦片粥、软米饭或玉米粥中的其中一种，100~200克（2~4小碗）。此外，可以再给宝宝添加一些点心。
补充蛋白质和钙	配方奶是宝宝断奶后理想的蛋白质和钙质来源之一。断奶之后，除了给宝宝吃鱼、肉、蛋之外，配方奶一定要喝，同时吃一些高蛋白的食物，尽量控制在25~30克，比如鱼肉小半碗，肉糜小半碗，鸡蛋1个，或者豆腐小半碗。
水果、蔬菜不能少	把水果制作成果汁、果泥或果酱，也可以切小块。每天给宝宝吃半个到1个。同样，蔬菜每天都要吃，可以把蔬菜制成菜泥，或切成小段、小块煮烂，每天吃50~100克（小半碗），与主食一起吃。

肉末茄泥

原料： 肉末90克，茄子120克，上海青少许

调料： 食用油适量

Tips

茄子有清热解暑的作用，小孩吃了可以补充营养。

做法：

1. 洗净的茄子去皮，切条；洗好的上海青切粒。
2. 把茄子放入烧开的蒸锅中蒸熟，取出放凉，剁成泥。
3. 用油起锅，倒入肉末炒熟。
4. 放入上海青、茄子泥翻炒，盛出即可。

莲藕丸子

原料：莲藕300克，猪肉泥100克，糯米粉80克

调料：食用油适量

做法：

1. 洗净去皮的莲藕切成末。
2. 将莲藕末装入碗中，放入猪肉泥、糯米粉，搅拌成泥。
3. 取盘子，淋上食用油，抹匀，用手将肉泥挤成丸子，将丸子放入烧开的蒸锅，蒸10分钟至丸子熟透，取出即可。

口蘑蒸牛肉

原料：牛肉30克，蘑菇20克，洋葱20克，鸡蛋1/2个，面包粉少许，洋葱汁5毫升

做法：

1. 所有食材洗净，分别处理后切碎。
2. 蛋打散，加入所有切碎的食材、洋葱汁、面包粉搅拌均匀，做成圆球状，放入蒸锅中，蒸熟即可。

鸡肉玉米粥

原料：白米饭50克，鸡胸肉20克，玉米粒20克，海带高汤适量

做法：

1. 鸡胸肉、玉米粒洗净，入滚水氽烫，捞出切碎。
2. 锅中放入海带高汤，大火煮开，再放入鸡胸肉、玉米粒和白米饭，熬煮至变软即可。

海带山药虾粥

原料：白米30克，山药30克，虾1只，葱花少许，海带高汤90毫升

做法：

1. 白米洗净，浸泡1小时；山药去皮、洗净，切小块；虾去壳，去泥肠、洗净，切小丁。
2. 锅中放入白米和高汤熬煮成粥，再加入所有食材煮至熟软即可。

蒸豆腐丸子

Tips
豆腐含蛋白质、钙，适当给宝宝喂食有助于宝宝骨骼与牙齿的发育。

原料： 豆腐50克，蛋黄1个，葱末少许

做法：

1.豆腐洗净，压成豆腐泥；蛋黄打到碗里搅拌均匀。

2.豆腐泥加入蛋黄液、葱末拌匀，揉成豆腐丸子。

3.放入蒸锅中，蒸熟即可。

金枪鱼丸子汤

Tips

金枪鱼含高蛋白，其中DHA 能增强记忆力，有利于宝宝脑部发育。

原料： 金枪鱼肉40克，墨鱼10克，鸡蛋1个，葱花2克，面粉少许，高汤170毫升

做法：

1.所有食材洗净，分别处理后切丁。

2.蛋打散，加入金枪鱼肉、墨鱼、面粉，搅拌均匀，揉成丸子状。

3.锅中放入高汤煮开，加入丸子。

4.煮熟后，撒上葱花即可。

蔬菜脆片粥

原料：玉米片50克，胡萝卜20克，白花菜20克，配方奶80毫升

做法：

1. 胡萝卜和白花菜各洗净、切碎。
2. 锅中注入清水烧热，倒入胡萝卜碎、白花菜碎，煮至熟软，捞出待用。
3. 另起锅，倒入煮好的胡萝卜碎、白花菜碎、玉米片。
4. 加入配方奶，边煮边搅拌，待玉米片熟软即可。

鸡肉包菜饭

原料：鸡胸肉50克，包菜30克，米饭20克，胡萝卜10克，豌豆5个，水淀粉15毫升，高汤90毫升，食用油适量

做法：

1. 所有食材洗净，分别处理后切碎。
2. 锅中放少许油烧热，放进包菜和胡萝卜炒软。
3. 再倒入高汤熬煮，然后放入鸡肉、豌豆、米饭煮至熟软，最后放水淀粉勾芡即可。

鱼蓉瘦肉粥

原料： 鱼肉200克，猪肉120克，核桃仁20克，水发大米85克

Tips

猪肉含有蛋白质、碳水化合物、钙等多种营养成分，可增强免疫力。

做法：

1.蒸锅上火烧开，放入鱼肉蒸约15分钟，取出放凉。

2.核桃仁切成碎末；猪肉剁成碎末；将放凉的鱼肉压碎，去除鱼刺。

3.砂锅中注水烧热，倒入猪肉、核桃仁、鱼肉、大米，拌匀，煮至熟透。

4.关火后盛出煮好的粥即可。

鱼肉馄饨汤

原料： 鱼肉泥50克，馄饨皮6张，韭菜末、葱末各适量，海带高汤170毫升

Tips

韭菜是天然良药，可促进宝宝胃肠道蠕动，还有杀菌消炎的功效，降低伤风感冒的概率。

做法：

1. 鱼肉泥加韭菜末拌匀成馅料，包入馄饨皮中。
2. 锅中加入高汤煮开后，放入包好的馄饨。
3. 煮至馄饨浮起时，撒上葱末即可。

Part 2

断乳过渡要吃好

为了维持孩子在现阶段的正常生理功能和满足生长发育的需要，每日必须供给孩子六种人体不可缺少的营养素。1~3岁孩子每日所需的六大营养素为：蛋白质、脂肪、碳水化合物、矿物质、维生素和水。给这个阶段的孩子烹调食物时，不仅要注意适合孩子的消化功能，还应注意食物之间合理搭配，以保证能为孩子提供均衡的营养。

断乳的重要性

　　母乳是婴儿最佳的食品，但并不是喂母乳时间越长越好，人乳喂养太久的婴幼儿，尤其是不添加辅食的，可致其食欲下降或食欲异常，体重减轻，发生各种营养缺乏症，这些都会影响婴幼儿智力发育，故必须适时断乳。

除母乳外的重要营养补充餐

　　对于断奶这一问题，妈妈们往往会表露出担心、反感等心态。经常有"母乳都没能喂好，应该让他多吃奶粉"等想法。断乳是指孩子从吸食母乳或牛奶的行为发展为咀嚼食品的行为。由此可知，断乳并不是完全停止食用母乳或牛奶，因此，断乳食应该是断乳期的营养补充餐。

给予味蕾丰富的刺激与吸收营养同样重要

　　孩子半岁以后，如果只提供母乳和奶粉，无法为孩子提供成长所需的能量和营养，就会使孩子的成长速度变得缓慢。这时，营养补充餐就应该闪亮登场。若要以母乳或牛奶等液体提供孩子所需的营养，不仅需要较多的食用量，而且还会给肠胃带来负担。断乳食最大的目标是，以补充食物来提供热量和多种营养素，同时让孩子接触丰富的味道，为偏食的恶习打上预防针。

断乳应该这么做

宝宝从6个月开始就可以添加辅食了，而妈妈们在宝宝6个月的时候也可以开始断奶了。那么妈妈们要想断奶，该怎么做好呢？

1 断乳初期应用大米代替米饭制作米糊

大米（即糙米）的味道比较清淡，孩子对大米不会产生反感，最重要的是大米几乎不会引发任何过敏症。第一次制作辅食时，使用粳米有益于孩子的健康。

2 每隔3~5日添加一种新食材

断乳初期最好一次食用一种食品，每次添加一匙的量，如果孩子无不良反应，就慢慢增加食用量。每隔3~5日添加一种新食材，也就无需再为添加新食品的时间而烦恼了。一旦孩子出现不舒服的表现，就要停食几天，观察情况后再重新开始。

3 摄入富含蛋白质的食物

在继续提供母乳的情况下，还应喂孩子吃富含蛋白质的辅食。如果是喂食奶粉，一天只需准备600毫升，其余的部分用辅食来补充即可。孩子满12个月开始，就应该逐渐戒掉奶瓶，可以换成鲜奶了。

4 制作营养素全面均衡的断乳食

孩子满周岁前，一天所需50%~60%的热量从母乳或奶粉中吸收。因此，一天应该提供600毫升的母乳或奶粉，分三次喂孩子喝。这个时期，家长应尽量让宝宝全面均衡地摄入碳水化合物、蛋白质、脂肪、维生素、矿物质等多种营养素。

一日三餐制的进餐安排

此时的孩子几乎可以接受所有的食物，可以和大人同时进餐，但是坚硬的食物、又辣又咸的刺激性调味料等还是不适宜过早出现在孩子的餐桌上。因此，妈妈们也要注意断乳食的选择。愉快、轻松的家庭就餐氛围也能让孩子喜欢上食物，享受就餐的过程。

培养孩子正确的进餐时间观念

到了后期，孩子已经习惯了大多数食品，喂孩子吃断乳食不会花费太多的时间。不过孩子不吃断乳食，而是在一旁玩耍时，应说"不吃了"，然后果断地收拾餐桌。妈妈有必要通过果断的行动来告诉孩子，用餐时间都是固定的，让孩子有正确的时间观念。这一时期，孩子可以集中精神吃饭的时间也就20~30分钟，妈妈要抓紧时间利用好孩子的注意力。

从大人的食物中改变烹调方式来制作断乳食

当孩子开始吃饭时，大人偶尔会厌倦另外准备断乳食，这时就会在大人喝的汤里拌饭或把大人食用的菜肴清洗一下后直接喂给孩子吃。但是，大人的食物口味一般都会比较重，不适宜孩子食用，因此，要尽量避免孩子接触这些食品。但可以在准备大人的餐点，即制作汤或菜肴时，在未加入调味料前，取出一些作为孩子的食品，就无须另外准备断乳食，省事又省力。

断乳食的烹调方法

根据不同的食品种类，采用搅拌、捣碎等不同的烹调法，就可以制作出原汁原味的断乳食，减少营养素的流失。

常见食材的处理窍门

西红柿	先去蒂，然后在顶部，用菜刀划出"+"字印，在开水中来回翻转几次，烫好后再剥皮，就会明白原来事情也可以这么简单。
嫩南瓜	用菜刀切成1/4左右的大小，用汤匙把南瓜子刮出来，用削皮刀去皮。
菠菜	菠菜用开水烫一烫，捞出来在冷水中清洗后，取其嫩叶切碎后用搅拌机搅拌。
胡萝卜	准备生胡萝卜，放在刨刀器上磨成泥。还有一个小窍门，用手抓住胡萝卜的头部，不用削皮。
香蕉	香蕉以及和香蕉一样柔嫩的食品，只要用叉子轻轻捣碎即可，轻松又方便。若使用汤匙，光滑的汤匙会让香蕉到处乱窜，何必增添麻烦呢！
马铃薯	马铃薯先煮烂，捞出后立刻放在菜板上进行工作，或者用汤匙大概捣碎一次，放在刨刀器上磨成马铃薯泥。
肉类	去除肥肉，放到开水中煮，待肉彻底煮熟了，捞出来捣碎或搅拌，炒一炒开始使用。
白肉海鲜	用开水煮时，若起泡就用汤匙捞出来。待海鲜肉彻底煮熟了，就捞出来剥皮去刺。

不同时期，
断乳食的种类也不同

随着宝宝的不断成长，母乳或牛奶等乳制品所含的营养素已经不能完全满足宝宝生长发育的需要。这时候，家长在给宝宝喂食母乳或奶制品的同时，就需要给宝宝添加其他食物，这就是宝宝的断乳食物。

多吃果蔬

骨胶和牙釉质的形成需要维生素C，缺乏维生素C可造成牙齿发育不健康，牙龈容易水肿、出血。果蔬通常都富含维生素C，多吃果蔬，可以摄取丰富的维生素C。此外，还可以通过咀嚼蔬菜，起到一定的清洁牙齿的作用，以利于促进下颌的发达和牙齿的整齐。

多吃粗粮、坚果类食物

粗粮和坚果类食物一般都需要咀嚼。多咀嚼这些食物，有助于牙齿的健康发育。而且，这类食物通常富含形成牙齿所需的钙、磷等矿物质。因此，给孩子吃这类食物，不仅可以锻炼咀嚼能力，更有利于牙齿的形成发育。但对玉米、高粱、瓜子、核桃、榛子这些粗粮、坚果类食物要适当处理一下，不要过于粗糙，以免噎到宝宝，造成窒息。

多吃乳类、乳制品

牙齿、牙槽骨和颌骨的主要成分是钙，可想而知，牙齿的发育是多么需要补钙。通常乳类和乳制品不仅仅含钙量丰富，而且易于被人体吸收。因此，这个时期还是应该让孩子继续多喝牛奶。当然，为了牙齿和颌骨的发育，可以适当选择一些稍硬的乳制品。

妈妈
要注意的喂养难题

1~3岁的幼儿正处于快速生长发育的时期，对各种营养素的需求相对较高。同时，幼儿机体各项生理功能也在逐步发育完善，但是对外界不良刺激的防御性能仍然较差，因此，对于幼儿的膳食安排，不能完全与成人相同，需要特别关照。

Q 怎么改掉孩子边玩边吃的坏习惯？

A 孩子边吃边玩，很可能是因为不饿。如果零食吃得多，到吃饭时根本不饿，自然会影响正餐摄入量。所以，妈妈应严格控制孩子的零食量，特别是正餐前1小时绝对不能吃零食。吃饭时妈妈可以将孩子抱到大餐桌边和家里人一起吃饭，看到大家都在认真吃饭，小家伙也会学着认真吃饭了。为孩子营造良好的吃饭环境，孩子也可以好好吃饭。

如果孩子不好好吃饭，许多妈妈会追着孩子喂，结果反倒让孩子养成不好的进餐习惯。所以，如果孩子不主动吃东西，妈妈不妨饿孩子一顿，当孩子感觉饥饿时反倒会主动吃饭。如果担心孩子会饿，可以把下一顿饭提前一些。这样在下一顿饭的时候，孩子会因为有食欲，自然会好好吃饭。

Q 宝宝缺微量元素怎么补？

A 针对儿童微量元素缺乏，有专家建议，不必刻意服用保健品补充，保证科学的饮食结构完全足以满足孩子体内必需的微量元素。各种食物中含有丰富的微量元素，因此一般注意合理饮食，就能够满足人体所需。

Q 宝宝不爱吃蔬菜怎么办?

A 　　孩子不吃蔬菜容易缺乏维生素，家长不要用强迫或者诱骗的方式让孩子吃蔬菜，这只会让孩子更加反感。

　　对于正在长牙的宝宝而言，食物的软硬程度会直接影响他的接受度。家长在选择蔬菜的时候可挑选瓜类或将蔬菜切得很细，并依据宝宝的生长情况，调整食物的软硬度，这样还可以避免进食哽噎的危险。

　　如果从宝宝开始吃辅食，家长就慢慢添加蔬菜，宝宝自然会习惯蔬菜的味道及口感，这样也能减少日后他对蔬菜的抵触性。

　　有些家长自己本身就偏食，不喜欢的食物就不准备或者不吃了，宝宝自然也会不接受。所以家长要改变宝宝，先要改变自己。

　　蔬菜中含有生长发育必需的营养素，让宝宝多吃蔬菜，使宝宝多获得一些对身体有益的营养。如果孩子不喜欢吃蔬菜不要硬添，可以换其他的品种，让孩子多尝试一下不同蔬菜的味道，从孩子喜欢的味道上打开突破口。

　　孩子通常喜欢外观漂亮的食物，家长也可以在蔬菜烹调方面多做些努力，比如把不同色彩的蔬菜搭配起来，将蔬菜摆成各种可爱的造型，还可以把蔬菜和肉一起裹在面皮里面，做成小包子、小饺子、小馄饨等带馅的食品，让孩子在吃蔬菜的时候得到乐趣。只要多想办法，孩子一定会喜欢上吃蔬菜的。

Q 如何培养孩子自己吃饭的习惯?

A 　　在这个阶段，家长可以给宝宝一个碗和一把勺子，让宝宝自己吃饭，开始可能一餐也没吃到一勺饭，但宝宝会在慢慢学习中逐渐学会用勺子。不要因为怕宝宝弄脏衣裳而一直给宝宝喂饭，宝宝是有自己吃饭的能力的，我们只要为宝宝准备一个罩衣，问题就解决了。因为宝宝自己吃饭可以增加他对吃饭的兴趣而爱上吃饭。

Q 怎么解决孩子吃零食的坏习惯？

①零食不是完全禁止，而是定时定量的供给。

要每天定时少量的给孩子零食吃，而且要尽量选取危害性小的零食，比如水果，适当地吃些水果有益孩子的身心健康。

②不要用零食当作奖励来刺激孩子。

家长以及老师们都应该注意的是，不管孩子表现多好或多不好，都不要用食物当奖励或惩罚。这样会让孩子产生错觉，认为只有表现好才能吃零食，这会让孩子认为零食是好东西，就更向往要多吃了。

③培养孩子健康的饮食观念。

孩子如果吃多了饼干、薯片、巧克力、糖果等零食，时间长了就很难改掉。对于幼儿来说，其味蕾还没有发育完全，父母要多提供清淡的饮食，过早接触口味重的东西，不利于健康饮食习惯的养成。因此，家长要培养孩子正确健康的饮食观念。

④在正餐时间段坚决不给孩子吃零食。

孩子的一日三餐十分重要，正常吃饭，才能摄取足够的营养。因此，在这个时间段里，如果给他吃了零食，就会影响孩子的食欲。

⑤要以身作则，给孩子树立良好的榜样。

家长是孩子的第一任老师，家长的行为时刻影响着孩子的表现和认知。因此，我们平时也要做到少吃或者不吃零食，这样，孩子看家长不吃，也会欣然接受不吃零食的要求。

Q 良好的饮食习惯怎样培养？

孩子成长到一定阶段后，应该教他学会如何从妈妈给饭吃过渡到主动地向妈妈要饭吃。孩子1岁后，表现出想靠自己吃东西的倾向，最好在这时对孩子进行饮食教育。一天要吃三顿饭，在固定的位置吃，不能挑食，均匀摄取营养，以及吃饭应遵守的礼节等都需要给孩子说清楚。

Q 为什么给孩子食补较为健康?

A 一旦确认诊断孩子缺乏某种营养素，应在医生的指导下进行相应的补充。饮食不均衡是孩子缺乏微量元素的重要原因，在无明显症状时，家长们可以调整孩子的饮食结构，给孩子食补。缺铁可多食用瘦肉、动物肝脏、菠菜等。缺锌可以多食用动物肝脏、鱼类、肉类等。大量摄入纤维食物会影响铁、锌等微量元素的吸收，家长们应该尽量避免只给孩子吃粗粮。谷物、豆类和坚果中含有植酸，可与很多微量元素形成螯合物，也会影响人体对微量元素的吸收。食用高纤维、高植酸食物时，适当摄入动物蛋白，可提高微量元素的利用率。

微量元素虽然对人体非常重要，但补充过量反而会危害健康，因此，如果没有到严重缺乏的地步，食补即可。如果检查出孩子严重缺乏某种微量元素，应在医生指导下正确补充，切不可私自给孩子服用补充剂。一般来说，只要给孩子吃的食物种类丰富，营养均衡，并不需要额外补充微量元素。

Q 宝宝营养不良吃什么?

A 营养不良一般是因为平时摄入的蛋白质等物质缺乏，因此，小孩营养不良应该多吃富含蛋白质、维生素、钙和磷的食物。

比如吃早餐的时候，可以在主食里面放些红枣等滋补类的食物。午餐的时候吃一些以粮食、奶、蔬菜、鱼、肉、蛋、豆腐为主的混合食物。

平常也要让孩子多吃各种蔬菜、水果、海产品，为孩子提供足够的维生素和矿物质，以供代谢的需要，达到营养均衡的目的。

Q 宝宝为什么胃口不好？
A

　　胃口不好的原因是多方面的，最常见的是饮食行为不合理造成的。有的孩子娇生惯养，想吃就吃，随心所欲。家长如果没有及时纠正，长此以往，孩子的消化功能受到影响，导致营养摄入不足，出现营养不良，加重孩子胃口不好，导致恶性循环。

　　因此，家长应及时调整教育方式，纠正孩子偏食、挑食等不好的饮食习惯，及时改变孩子边玩边吃的坏毛病，帮助孩子养成定时进餐，专心吃饭的良好习惯。

　　胃口不好较少见的原因是患有消化系统疾病、慢性消化性疾病、缺锌或患有其他疾病如营养性缺铁性贫血等。假如因病引起，家长应尽早带宝宝去医院进行检查治疗。

Q 为什么宝宝吃水果要从果汁开始？
A

　　果汁可以补充人体所需的营养，比如维生素C、膳食纤维等，适当喝一些果汁可以帮助宝宝消化、润肠道。

　　果汁最好自制，做之前要将双手彻底洗净，食具、碗、匙、奶瓶等必须彻底煮沸消毒。果汁可选用新鲜的橘子、桃子、葡萄、西红柿、西瓜等多汁水果。每次制作要适量，以免遭污染或变质。

Q 宝宝为什么会磨牙?

A 　其实磨牙这种行为大多数孩子都会发生，因此家长必须重视但不需要过度紧张。磨牙有两种可能，一种是正常磨牙，还有一种是异常磨牙。

　所谓正常磨牙，是孩子白天玩耍得过于兴奋，或为一些事情而非常焦虑和紧张，这样在他们入睡后，大脑皮层则会处于兴奋的状态。

　所谓异常磨牙，主要有两种：一种是身体处于亚健康状态，首先是肚子里有寄生虫，夜间这些寄生虫的活动刺激着肠道蠕动，导致孩子磨牙；其次是孩子出现了口腔问题，比如说龋齿、牙周炎或者是错颌等现象都会造成孩子磨牙现象的发生。另一种是不良的生活习惯导致孩子夜间磨牙，比如说饮食不规律，导致胃肠道因超负荷的工作，引起了面部肌肉的自发性收缩，出现磨牙的现象。

Q 用什么方法烹调食物最适宜现阶段的孩子?

A 　①尽量最大限度地留住食物的营养

　比如，蔬菜洗了之后再开切，能手撕的话最好用手撕，而且最好旺火急炒或者慢火煮，这样蔬菜里面的维生素C损失少。又比如，水果吃时再削皮，防止水溶性维生素溶解在水中，或者在空气中氧化。

　②不要像以前一样将食物捣烂或者捣得太碎，破坏食物的嚼劲

　为了孩子牙齿和身体得到适宜的发育，因此，这时期给孩子做食物的时候不要捣烂或捣得太碎，应该按照孩子的实际情况，适当地撕小块一点，大小和软硬程度都要能让该阶段的孩子的牙齿和肠胃接受。

　③尽量用蒸和煮的方式料理宝宝的食物

　蒸和煮这两种方式通常比较温和，营养又比较容易让人体吸收，因此对正处于牙齿发育期的孩子仍然是很适宜的料理方式。

1~1.5 岁：培养进餐好习惯

这个时期的孩子，随着活动范围的增大和活动量的增加，身体对于营养的需求也变得非常大，仅仅是牛奶和乳制品已经完全不能满足了，必须要提供全面均衡的各种食物。本阶段应注意营养均衡，培养良好的饮食习惯，少吃零食和甜食。

饮食营养同步指导

营养摄入要均衡

本阶段的幼儿牙齿陆续长出，摄入的食物也逐渐从以奶类为主转向以混合食物为主，而此时宝宝的消化系统尚未完全成熟，因此还不能完全给宝宝吃大人的食物，要根据宝宝的生理特点和营养需求，为他制作可口的食物，保证获得均衡的营养。需要注意的是，宝宝的胃容量有限，进食宜少吃多餐。

1岁半以前可以给宝宝三餐以外加两次零食，零食时间可在下午和夜间；1岁半以后减为三餐一点，点心时间可在下午。但是加点心时要注意，一是点心要适量，不能过多；二是时间不能距正餐太近，以免影响正餐食欲，更不能随意给宝宝零食。

不宜摄入含糖分较高的食物

这个阶段的幼儿一般都很喜欢糖分含量高的食物，比如果汁、甜点等。但是，幼儿如果摄入过量糖分，会导致很多健康问题。除了常见的肥胖问题之外，还容易导致牙齿和骨骼发育不良。因此，这个时期的幼儿不适宜摄入糖分较高的食物。

谷类及薯类食物

3

这类食物里面的碳水化合物含量高，要注意摄取的度。孩子过量摄取这类食物，碳水化合物会转化成脂肪，让孩子过于肥胖。如果缺乏这类食物，碳水化合物摄入过少，孩子又会全身无力、疲乏、营养不良。

豆类及其制品

4

多吃蛋白质可以让孩子健脑益智，提高记忆力。豆类所含的蛋白质含量高、质量好，是最好的植物蛋白。假如担心孩子过于肥胖，又担心孩子营养会跟不上，可以用豆类及其制品代替一定的动物性食物。

动物性食物

5

需注意的是孩子不宜多吃动物肝肾。肝组织具有通透性高的特点，血液中大部分的有毒物都能进入肝脏。另外，肾和肝还含有特殊结合蛋白，能吸引毒素。因此，动物肝肾里的有毒物质和其他化学物质往往是肌肉中的好几倍。

蔬菜和水果

6

蔬果的表皮很容易有农药残留，处理的时候要注意清理干净。而且，水果从冰箱拿出来给孩子吃的时候，要注意检查水果温度对孩子来说是否太冷了。孩子的抵抗力还不如大人，吃进冰冷的食物很容易引起腹泻、腹痛等问题。

油脂

7

让孩子摄取油脂是很有必要的。但油脂也要适量摄取，不能因为害怕孩子摄取太多油脂影响体内钙的吸收、引起肥胖，就拼命让孩子少吃油脂或者不吃油脂。

肉末包菜卷

原料： 肉末60克，包菜70克，西红柿75克，洋葱50克，蛋清40克，姜末少许

调料： 盐1克，水淀粉适量，生粉、番茄酱、食用油各少许

Tips
多吃西红柿能清除宝宝体内的自由基，保护细胞，提高免疫力。

做法：

1. 锅中注水烧开，放入包菜煮软，捞出，沥干水分。
2. 洗净的西红柿去皮，切碎；洗净的洋葱切成丁；包菜修整齐。
3. 取一碗，放入西红柿、肉末、洋葱、姜末、盐、水淀粉，制成馅料。
4. 蛋清中加生粉拌匀待用；取包菜，放入馅料，卷成卷，用蛋清封口，制成生坯。
5. 蒸锅上火烧开，放入食材蒸约20分钟，取出。
6. 用油起锅，加入番茄酱、清水、水淀粉，制成味料，浇在包菜卷上即可。

鱼肉蒸糕

原料：草鱼肉170克，洋葱30克，蛋清少许

调料：盐1克，生粉6克，黑芝麻油适量

做法：

1. 将洋葱洗净切段；草鱼肉去皮，切丁。
2. 取榨汁机，倒入鱼肉丁和剩余的原料、调料，搅匀；取盘子，倒入黑芝麻油，将鱼肉泥装入盘中，抹平，再加入黑芝麻油，制成饼坯。
3. 蒸7分钟，取出，切成小块，装盘。

蒸肉丸子

原料：土豆170克，肉末90克，蛋液少许

调料：盐1克，白糖6克，生粉适量，芝麻油少许

做法：

1. 洗净的土豆去皮切片，蒸约10分钟至土豆熟软，取出放凉，压成泥。
2. 取碗，倒入肉末、盐、白糖、蛋液、土豆泥、生粉、芝麻油，拌匀，做成数个丸子，放入蒸盘。
3. 上锅蒸约10分钟至食材熟透即可。

猪肝瘦肉泥

Tips

猪肝中富含蛋白质、卵磷脂和微量元素，有利于儿童发育。

原料：猪肝45克，猪瘦肉60克
调料：盐少许

做法：

1. 洗好的猪瘦肉剁成肉末，处理干净的猪肝剁碎。
2. 取蒸碗，加入清水、猪肝、瘦肉、盐，拌匀。
3. 将蒸碗放入烧开的蒸锅中，蒸约15分钟至其熟透。
4. 取出蒸碗，搅拌，另取一碗，倒入蒸好的瘦肉猪肝泥即可。

猪肝炒花菜

原料： 猪肝80克，花菜150克，胡萝卜片、姜片、蒜末、葱段各少许

调料： 盐1克，儿童酱油3毫升，料酒6毫升，水淀粉、食用油各适量

Tips

猪肝中含有的维生素A含量极为丰富，能有效防治婴儿夜盲症。

做法：

1. 将洗净的花菜切成小朵。
2. 将洗好的猪肝切成小片。
3. 把猪肝片放入碗中，加入盐、料酒、食用油腌渍入味。
4. 锅中注水烧开，放入盐、食用油、花菜，煮至食材断生后捞出。
5. 用油起锅，放胡萝卜片、姜片、蒜末、葱段爆香，倒入猪肝、花菜炒匀。
6. 淋入儿童酱油、水淀粉，炒匀，盛出炒好的菜肴即可。

白玉金银汤

原料： 豆腐120克，西蓝花、鸡蛋、鲜香菇各45克，鸡胸肉75克，葱花少许

调料： 盐1克，鸡粉2克，食用油适量

Tips

适当食用豆腐对孩子的牙齿、骨骼的生长发育颇为有益。

做法：

1. 香菇切粗丝；西蓝花切小朵；豆腐切小方块；鸡胸肉切丁，放碗中，加盐、食用油，腌渍约10分钟；鸡蛋打入碗中调匀。

2. 锅中注水烧开，放入盐、食用油，倒入西蓝花、豆腐块焯煮，捞出。

3. 用油起锅，倒入香菇丝炒熟，倒入少许清水烧开，加盐，倒入鸡肉丁、豆腐块、西蓝花，大火煮沸，加入鸡蛋液，煮约至食材熟透，撒上葱花盛出即可。

牛奶面包粥

原料： 面包55克，牛奶120毫升

做法：

1. 面包切细条形，再切成丁，备用。
2. 砂锅中注入清水烧开，倒入备好的牛奶，煮沸后倒入面包丁，搅拌匀，煮至变软。
3. 关火后盛出煮好的面包粥即可。

鸡肉口蘑稀饭

原料： 鸡胸肉90克，口蘑30克，上海青35克，奶油15克，米饭160克，鸡汤200毫升

做法：

1. 口蘑洗净切小丁块；上海青切去根部，切丁；洗净的鸡胸肉切丁。
2. 砂锅置于火上，倒入奶油、鸡胸肉，炒匀，放入口蘑、鸡汤、米饭，炒匀，煮约20分钟。
3. 放入上海青，拌匀，煮约3分钟至食材熟透，盛出煮好的稀饭即可。

海鲜炖饭

原料： 鱿鱼70克，虾仁85克，蛤蜊肉60克，彩椒40克，洋葱50克，黄瓜75克，水发大米170克，奶油30克，高汤300毫升

Tips

鱿鱼中的钙、磷、铁元素，对宝宝的骨骼发育和造血十分有益。

做法：

1. 彩椒切成粒；黄瓜切小丁块；洋葱切成丁；鱿鱼切成小丁块。
2. 将砂锅置于火上，倒入奶油煮至溶化，放入鱿鱼、虾仁、蛤蜊肉，炒匀。
3. 放入洋葱、大米、高汤、彩椒、黄瓜，炒匀，煮至食材熟透。
4. 关火后盛出煮好的米饭即可。

1.5~3岁：像大人一样吃饭

对于成长期的孩子来说，均匀地吸收各种营养素非常重要。这些营养素的来源包括米饭或面包等谷物、肉类、海鲜类、鸡蛋、豆类、蔬菜、水果、牛奶和乳制品。全面均衡的营养素的摄入方能满足孩子生长发育所需，也能培养孩子从小进食多种食物的习惯。

饮食营养同步指导

粗细搭配要合理

日常人们摄入的粮食大体分为粗、细两种。粗粮指玉米、小米、高粱、豆类等，细粮指精制的大米及面粉。2~3周岁的幼儿仍处于快速生长发育期，在这期间，保证饮食平衡合理对他的健康成长至关重要。

食物经过精细加工后会失去多种营养成分，从而容易造成营养成分单一，这与幼儿成长对营养多样化的要求不相符合。

此外，因为粗粮中含有很多膳食纤维，饮食的粗细搭配可以有效促进胃肠的蠕动，加速新陈代谢，促进大肠对营养物质的吸收，继而预防便秘。所以，幼儿饮食必须要注意粗细搭配。

要补充维生素A_1

维生素A_1缺乏症是由于缺乏维生素A_1引起的凝血障碍性疾病。如果孩子患病，可能会流血不止、抽搐、脑水肿，严重者甚至导致死亡或留下神经系统后遗症。维生素A_1主要的食物来源为胡萝卜、黄瓜、菠菜、洋葱、哈密瓜等。

3 多吃健脑益智的食物

当孩子3岁左右时，脑发育达到一个高峰。即使宝宝的身高体重仍不断增加，但脑重量的增加却很缓慢了。宝宝0~2岁时脑重快速增长，刚出生的宝宝脑重量为成人的25%，2~4岁时脑重量达到成人的80%，4~7岁时脑重量即可达到成人的90%。因此，在这个阶段，家长应该给孩子多补充健脑益智的食物，为孩子大脑的快速发育提供能量。

蛋白质

蛋白质提供的氨基酸可影响神经传导物质的制造。

卵磷脂

卵磷脂质与细胞膜的生成有关，是一种帮助人体制造脑部神经讯息传导物质的重要成分。

多吃鱼肉

鱼肉富含优质蛋白，且易被人体吸收，对于发育阶段的宝宝来说，机体对蛋白质的需求较多，可通过鱼肉补充。深海鱼类的脂肪中DHA（俗称"脑黄金"）含量是陆地动植物脂肪的2.5~100倍，对大脑发育大有裨益。经常吃鱼，特别是常吃海鱼就可以获得充足的"脑黄金"。

碳水化合物

如果血糖过低，脑细胞就会因为能源不足而失去正常功能。

油脂类物质

脑部的60%是脂肪结构，而不饱和脂肪酸是帮助脑细胞膜发育及形成脑细胞、脑神经纤维与视网膜的重要营养素。

这些营养元素，都可以从日常生活中的食材中获得。例如，粮豆（黄豆、小麦等）、肉（鸡肉、鱼肉、牛肉等）、水果（苹果、火龙果等）、蔬菜（黄花菜、白菜等）、坚果等，都有健脑益智的作用。

一日三次正餐二次辅助添加

一般每天安排五次进食，每餐间隔2.5~3.5小时，早、中、晚三次正餐，上、下午各添加一次点心或者水果，每次用餐时间在20~30分钟，记得也要跟正餐一样，好好吃。

家长们不能错过的注意事项

4 爸爸妈妈平时一定要做好宝宝的饮食护理工作，要明白什么东西适合给宝宝吃，什么东西最好不要给宝宝吃。那么，宝宝的饮食方面要注意什么呢？孩子出生后，家长若能注意掌握婴儿喂养，对抚养好宝宝有很大的帮助。

避免经常放醋

虽然菜里面放点醋可以提味，而且能增强食欲，还能有效预防感冒。但其实孩子经常喝醋或者喝了过量的醋是很有危害的，过量的醋会导致他们的食道受损，给肠胃带来刺激。

试着让孩子自主挑粮食

既可有意识地继续锻炼孩子的动手能力，也可锻炼孩子各肢体的灵活性。此外，还可观察孩子是否有偏食、挑食的毛病，以便及早给予纠正。

尽量避免带色素的食物或饮料

带色素的食物或饮料，如浓茶、酱油、巧克力、果汁等，这类食物中的色素残留在牙齿表面，久而久之会造成外源性色素沉积，这些色素沉积进入牙齿深层能使牙齿发暗变黑。为了让你的小宝贝能长一口健康漂亮的牙齿，家长们在给孩子喂食时应尽量减少或避开这种食物。

孩子不适应时要立刻停止吃这种食品

如果在喂食的时候，孩子表现出拒绝这种食物，家长们应该检查孩子对此食物是否过敏。如果是食物做得太粗糙，那就先缓一下，慢慢让孩子适应。

让孩子渐渐学会适量进餐

不暴饮暴食，也不吃太少。父母如果看见孩子一个劲地吃，肚子很饱了，还是要吃，这时候要及时用玩具或者其他活动转移孩子的注意力，耐心地告诉孩子吃多了，肚子会不舒服。不能够强行抢走孩子正在吃的食物，也不能呵斥他，以免留下不良的进食体验，影响下次进餐。

苹果椰奶汁

Tips
苹果含有维生素、磷、铁等营养成分，有生津止渴的功效。

原料： 苹果70克，牛奶300毫升，椰奶200毫升

做法：

 1.洗净去皮的苹果切开，去除果核，切成小块，备用。

 2.取榨汁机，选择搅拌刀座组合，倒入苹果，加入牛奶、椰汁。

 3.盖上盖，选择"榨汁"功能，开始榨取汁水。

 4.断电后倒出汁水，装入杯中即可。

裙带菜鸭血汤

Tips

裙带菜中含有的营养素
对儿童的骨骼、智力发
育极为有益。

原料： 鸭血180克，圣女果40克，裙带菜50克，
姜末、葱花各少许

调料： 鸡粉、盐各1克，食用油适量

做法：

1.将洗净的圣女果
切小块；裙带菜切
丝；鸭血切小块。

2.锅中注水烧开，倒入
鸭血，煮断生后捞出，
沥干水分。

3.用油起锅，放入
姜末爆香，倒入圣
女果、裙带菜丝炒
匀，加适量清水。

4.加鸡粉、盐，煮沸后
倒鸭血块、续煮约2分
钟至全部食材熟透关火
后盛入碗中，撒上葱花
即可。

莲子百合红豆米糊

原料： 水发大米120克，水发红豆60克，水发百合40克，水发莲子75克

做法：

1. 取豆浆机，倒入洗净的大米、红豆、莲子、百合，注入清水。
2. 选择"五谷"程序，待豆浆机运转约40分钟，即可成米糊。
3. 倒出米糊，装碗中，待稍微放凉后即可食用。

芋头豆腐汤

原料： 芋头120克，豆腐180克，菠菜叶少许

调料： 盐2克

做法：

1. 豆腐切小方块，洗净去皮的芋头切厚片，改切成丁。
2. 锅中注入清水烧开，倒入芋头、豆腐煮熟。
3. 加入盐、菠菜叶，拌匀，拌煮至断生，盛出装入碗中即可。

三文鱼泥

原料：鲜三文鱼肉
120克

调料：盐少许

Tips
三文鱼能促进机体对钙
的吸收利用，有助于宝
宝生长发育。

做法：

1. 蒸锅上火烧开，放入三文鱼肉。

2. 盖上锅盖，用中火蒸约15分钟至熟。

3. 揭开锅盖，取出三文鱼，放凉待用。

4. 取一个干净的大碗，放入三文鱼肉，压成泥状。

5. 加入少许盐，搅拌均匀至其入味。

6. 另取一个干净的小碗，盛入拌好的三文鱼即可。

彩蔬蒸蛋

原料：鸡蛋2个，玉米粒45克，豌豆25克，胡萝卜30克，香菇15克

调料：盐1克，食用油少许

做法：

1. 洗净的香菇切丁，洗净的胡萝卜切丁。
2. 锅中注水烧开，加盐、油，倒入胡萝卜、香菇、玉米粒、豌豆，拌匀，煮至断生，捞出，加盐，拌匀放入蒸盘，入蒸锅蒸约5分钟。
3. 取一碗，打入鸡蛋，加盐、水，拌匀，放入蒸盘，加入蒸好的材料，蒸熟。

香菜冬瓜粥

原料：水发大米100克，冬瓜160克，香菜25克

做法：

1. 洗净去皮的冬瓜切丁；洗好的香菜切段，将梗切碎，把叶切成段。
2. 砂锅中注入清水烧热，倒入大米、冬瓜、香菜梗，拌匀。
3. 煮约30分钟至大米熟软，撒上香菜叶，拌匀，盛出即可。

清蒸红薯

原料： 红薯350克

做法：

1. 洗净去皮的红薯切滚刀块，装入蒸盘中。
2. 蒸锅上火烧开，放入蒸盘，蒸约15分钟，至红薯熟透。
3. 取出蒸好的红薯，待稍微放凉后即可食用。

培根炒软饭

原料： 培根45克，鲜香菇25克，彩椒70克，米饭160克，葱花少许

调料： 盐少许，生抽2毫升，食用油适量

做法：

1. 洗净的香菇、彩椒切丁，培根切粒。
2. 锅中注水烧开，放入香菇、油、彩椒，拌匀，煮至食材断生，捞出。
3. 用油起锅，放入培根、香菇、彩椒，炒匀，倒入米饭，加生抽、盐，炒匀，加入葱花，炒匀，盛出即可。

什锦炒软饭

原料： 西红柿60克，鲜香菇25克，肉末45克，软饭200克，葱花少许

调料： 盐少许，食用油适量

Tips

孩子食用香菇，能预防因缺乏维生素D而引起的佝偻病。

做法：

1.将洗净的西红柿切成丁，洗净的香菇切小丁块。

2.用油起锅，倒入肉末炒变色，放入西红柿、香菇炒匀。

3.倒入备好的软饭炒散，撒上葱花炒出葱香味。

4.加入盐调味，盛出炒好的食材，装在碗中即可。

南瓜馒头

Tips

南瓜中含有丰富的锌，是孩子生长发育的重要物质之一。

原料： 熟南瓜200克，低筋面粉500克，白糖50克，酵母5克

调料： 食用油适量

做法：

1. 将面粉、酵母混匀，用刮板开窝，放入白糖、熟南瓜拌至南瓜成泥状。分数次加水，制成南瓜面团，放入保鲜袋中静置约10分钟。

2. 取来备好的南瓜面团搓成长条形，切成数个剂子，即为馒头生坯。

3. 取蒸盘，刷上一层食用油，摆上馒头生坯，放入蒸锅，静置约1小时使生坯发酵、涨开。打开火，水烧开后再用大火蒸约10分钟，至食材熟透。

4. 关火后揭盖，取出蒸好的南瓜馒头，放在盘中即可。

学龄前孩子的三餐管理

　　学龄前孩子在经过快速发育的幼儿期之后，生长速度有所减慢，然而为其提供优质的营养仍不容忽视。根据宝宝成长的不同阶段，家长需要及时地调整宝宝的饮食，特别是身处成长黄金期的宝宝们饮食更应该及时地调整和安排。那么，对于学龄前的宝宝们来说，三餐如何安排才是科学的呢？

学龄前孩子成长必需的营养补充

学龄前儿童正处在生长发育的旺盛时期，必须要保证优质蛋白质和各种营养素的全面补给。想让孩子获取成长所需的全部营养素，就要特别注意膳食的均衡，尽量做到食材多样化，粗细、荤素交替搭配，还要软硬适中。

新鲜蔬菜和水果

蔬果是人体无机盐的重要来源，还含有钙、钾、磷、镁、锌等营养物质，能为宝宝的骨骼生长和免疫力提高提供坚实的保障。

蔬果还能为人体提供糖类、碳水化合物及有机酸等物质，能提供人体必需的热量。合理摄取蔬果，不仅能促进新陈代谢，还能调节机体酸碱平衡，维持正常生理活动的运转。蔬果中的芳香物质，如葱、蒜等不仅可以形成可口的饭菜，还能杀菌和防治疾病。蔬果中的膳食纤维可以刺激胃肠蠕动和消化液的分泌，有助于人体对食物的消化吸收，还能减少胆固醇的吸收，预防便秘。

食物金字塔

首先，家长们要清楚，一日三餐食物的构成应该符合膳食宝塔结构。

金字塔的最底层为普通食物，五谷杂粮、薯类，如面包、米饭、麦片、山芋等等；第二层是蔬菜和水果，二者各占一半；第三层是各种肉类，有鱼、肉、蛋、奶等。最顶层是脂肪、油类、甜食。既然这些食物都出现在金字塔中，表明这些食物都是人体所需。那么对于幼儿来说，到底这些食物每天需要吃多少呢？

具体地说，谷类200～250克，蔬菜200～250克，水果50～100克，肉类100～120克，奶或豆浆200～250克，豆制品25克（以上的量都是净重）。一天中每餐之间的热量分配是早餐25%～30%，早点5%，午餐35%～40%，午点10%，晚餐25%～30%。

家长在给儿童配餐时要将以上四大类食物按照比例，合理搭配在三餐。

妈妈要注意的喂养难题

4~6岁的宝宝饮食已经和大人很接近了，需要从蔬菜、水果、肉及蛋奶中获取各种不同的营养，以供给成长所需的不同营养素。只是父母要严格限制宝宝对高能量、高脂肪和高胆固醇食物的摄入量，避免宝宝因营养过剩而导致肥胖。

Q 需要给孩子添加营养补品吗？

A 目前市场上有许多名目繁多的保健食品，也有许多针对孩子生长的强化矿物质、强化维生素、强化氨基酸等保健食品。处在正常生长发育中的小朋友是否需要吃这些营养品呢？许多专家们认为，正常发育的孩子只要不挑食、不偏食，平衡地摄入各种食物，那么他就可以均衡地获得人体所需要的各种营养物质，而无需再补充什么保健食品。

保健食品对改善食品结构、增强人体健康可以起到一定作用，但必须合理使用。对孩子更应注意，必须按照不同年龄、不同需要，有针对性地选择，缺什么补什么，并要合理搭配，切不可盲目食用。食用时必须征求医生意见，不得以保健食品代替药物治疗。健康的孩子不要吃疗效食品，并需注意食品的质量和出厂日期、保质期限等。

Q 给孩子喝牛奶还是豆奶？

A 牛奶中富含维生素D、维生素K和维生素A，以及钙和蛋白质，这些元素让牛奶成为人体健康的重要食物。牛奶含乳糖，在亚洲黄种人中有70%的人不吸收乳糖，而豆奶所含的寡糖会被人体100%的吸收利用。所以，如果宝宝没有乳糖不耐受的话，以喝牛奶为主较好，然后再适当喝些豆奶。

Q 孩子的节日饮食要注意些什么?

A　逢年过节，大吃大喝，而这对于肠胃功能尚未发育完善的小朋友来说，会带来身体的不适。家长该如何在饮食上层层把关，让孩子过个健康节日呢？过节的时候，家长还是要注意餐桌上的荤素搭配，多给宝宝吃些促消化、祛火润燥的食物，如海带、莴苣、芹菜、香菇、胡萝卜、萝卜等。

①不要让宝宝暴饮暴食

每当节日时，家家户户都会准备各种各样的食品，面对这些色、香、味俱全的佳肴，很多孩子的食欲往往会大增。但由于他们的自控能力比较差，对美食没有节制，很容易吃得太多太杂，从而增加肠胃的负担，出现呕吐、腹胀、便秘、腹泻等消化不良的症状。

②荤素搭配要合理

一到过节，鸡、鸭、鱼、蛋这些高脂肪、高蛋白的美食会占据餐桌的大半江山。但过多食用这类比较油腻的食物，会增加宝宝的肠胃负担，埋下肥胖危机。这时候应该让"绿叶蔬菜"当主角，让孩子多吃油菜、菠菜、芹菜这类去油腻的蔬菜。还可以让宝宝多吃水果，既能补充维生素，又能起到降火的作用。

③尽量让宝宝少喝饮料

酒水饮料也是逢年过节餐桌上必不可少的，大人是喝酒，宝宝则是喝饮料。在家中聚餐时，最好是用新鲜的水果自榨果汁当饮料喝，这样既让宝宝解了馋又补充了维生素。外出聚餐时如果非喝饮料，一定要适可而止，最好还是让孩子多喝白开水。白开水有助于宝宝抵抗呼吸道感染。

④控制宝宝吃零食的量

节日里，少不了的就是小饼干、糖果等零食。零食是宝宝的最爱，如果轻松就被拿到的话，很容易就吃多了，尤其是甜食，不仅会改变宝宝的口腔环境，损伤牙齿健康，还会影响孩子正餐的进食。因此，家长应控制好宝宝吃零食的量。

⑤注意食用安全

过节时，宝宝吃鸡、鱼的次数比平时多，家长要注意把鱼刺或骨头择干净，以免扎伤宝宝的嗓子。此外，家长尽量不要给宝宝吃果冻、果仁、花生、糖豆等豆状零食，以防滑入气管中。因为连接小儿气管与食道的会厌软骨未发育成熟，功能尚不健全。因此，在宝宝吃东西时也不要逗他。

⑥烹调方式要科学

为了保证宝宝的健康，除了让宝宝少吃油腻食品多吃菜之外，妈妈们也应变换一下烹饪方式。给宝宝准备食物时，最好采取蒸、煮、烩等烹调方法，尽量避免炸、炒等方式。此外，妈妈们在烹调时应少放刺激性的调味品。

⑦饮食要尽量保持规律

家里最好有一个人来维持宝宝正常的饮食规律，碰到聚餐时，可用其他食物灵活调整宝宝正常的进食时间。而且节日期间吃的荤菜会比较多，这时候就要适当添加一些绿色蔬菜，大多数绿叶蔬菜都是碱性食物，而且绿叶蔬菜中的油菜、菠菜、芽白、甘蓝、芹菜等，都是去油腻的最佳蔬菜。

早餐：一天能量的来源

人们常说："早餐吃好，中餐吃饱，晚餐吃少""早餐是金，中餐是银，晚餐是铁"，这在一定程度上说明了早餐的重要性。早餐关系着孩子一上午的能量消耗，也关系着孩子长期的健康状况，要想宝宝的身体更强壮，就要重视早餐的质量。

营养搭配

对于正处于生长发育期的学生来说，一顿合理搭配、营养丰富的早餐是上午高效率学习的重要保障。尽可能做到食物多样化，做到"五谷杂粮，荤素搭配，粗细结合"。在设计孩子的营养早餐时，可经常做些能够给孩子提供较为均衡营养的食物，激发孩子一天的活力。

孩子的营养早餐可以有这五种。食物选择原则，可从以下每一类食物中选择一或两项。

谷类	粥、粉、面、饭、杂粮。可为孩子提供糖类、蛋白质、纤维素和B族维生素等。
蛋白质类	蛋、鱼、鸡豆腐、黄豆或坚果类（例如核桃、杏仁、芝麻、花生等）。这些是优质蛋白质、脂溶性维生素和矿物质的良好来源。
健康油脂类	坚果、酪梨、低脂乳酪（cottage cheese，百分之一脂肪）、亚麻籽。这些食物富含多种不饱和脂肪酸，可减轻孩子在上午饥饿的感觉。
维生素及矿物质	各种水果，尤其是橘橙类水果，如柳丁、葡萄柚、柠檬、柑橘、莱姆等，还有香蕉。这些食物给孩子的生长发育提供必需的营养物质。
抗氧化剂	红石榴、蓝莓、红莓、桑葚。

花样变化多

除了要注意营养外，还要注意花样翻新，每个人都是有好奇心的，孩子的好奇心更大。若能做到色香味俱全的话，孩子绝对来者不拒。吃饭就跟欣赏美景一样舒服。

可以是食材的变化，比如今天主食是馒头，明天可以是豆粥，后天再是米饭；可以是颜色的变化；也可以是烹调方式的变化，比如今天吃水煮蛋，明天可以炒蛋等。

食物制作

由于孩子的消化系统不像大人那样完善，所以，给孩子做的早餐一定要切碎煮烂，好咀嚼好消化，口味清淡不油腻。

不要给孩子喝过于冰凉的果蔬汁

一些家长喜欢早晨给孩子喝蔬果汁，虽说蔬果汁可以提供蔬果中直接的营养及清理体内废物，但大家忽略了一个最重要的问题，那就是孩子的体内永远喜欢温暖的环境，身体温暖，微循环才会正常，氧气、营养及废物等的运送才会顺畅。

没胃口吃早餐的宝宝

对于没胃口的孩子，在排除生病等原因之后，家长可以从流质食物开始喂给，先吃点粥，喝点酸奶，每天坚持进食，让宝宝肠胃养成定点分泌消化液的习惯，这样慢慢就会有饥饿感，宝宝也会更乐意进食了。

家长们要注意的是，当孩子渐渐对早餐产生兴趣的时候，就可以适当加入其他食物，而不要只停留于流质早餐。

油菜蛋羹

原料：鸡蛋1个，油菜叶100克，猪瘦肉、葱各适量

调料：盐、芝麻油各适量

Tips
鸡蛋不仅能为机体提供充足的蛋白质，还可延缓孩子胃的排空速度。

做法：

1. 油菜叶择去老叶，洗净，切成碎末；猪肉剁成末；葱洗净，切碎。
2. 鸡蛋磕入碗中，打散，加入油菜碎、肉末、盐、葱末、芝麻油，搅拌均匀，制成蛋液。
3. 蒸锅置火上，加适量清水煮沸。
4. 将混合蛋液放入蒸锅中，加盖，蒸6分钟左右，关火取出即可。

蔬菜煎饼

原料： 胡萝卜、青菜各100克，面粉200克，鸡蛋1个

调料： 盐、食用油各适量

做法：

1. 胡萝卜、青菜去皮切丝，鸡蛋搅散。
2. 在面粉内加入蛋液、胡萝卜丝、青菜丝、盐、适量水搅拌成糊状。
3. 平底锅置火上，放入适量油加热。
4. 倒入面糊，煎至两面微黄盛出切成三角块即可。

牛肉卷饼

原料： 牛排2片，荷叶薄饼2张，生菜适量

调料： 食用油、黑胡椒、盐、料酒、肉酱各适量

做法：

1. 牛排洗净，加入黑胡椒、盐及料酒拌匀，腌制20分钟左右。
2. 起油锅烧热，放入牛排煎至八成熟。
3. 取薄荷饼，将牛排和生菜叶依次铺好，刷上一点肉酱，然后卷起，用刀切小段即可。

土豆鸡蛋饼

原料： 土豆70克，鸡蛋液35克，面粉110克，葱花少许

调料： 盐1克，食用油适量

做法：

1. 土豆切碎，鸡蛋液打散，待用。
2. 取一碗，倒入土豆碎、面粉、鸡蛋液、葱花、盐，拌匀，加水，混匀制成面糊。
3. 取平底锅，放入适量油加热，倒入面糊，煎至两面呈微黄色，取出切成三角形状，盛盘。

豆角包子

原料： 面粉200克，酵母粉10克，长豆角125克，猪肉末200克，葱花30克，姜末少许

调料： 盐2克，鸡粉2克，五香粉2克，生抽5毫升

做法：

1. 面粉加酵母粉和成面团，擀成圆片。
2. 豆角切丁，放肉末、姜末、葱花，放盐、鸡粉、五香粉、生抽，拌匀，制成馅料。
3. 面片馅捏成包子，上蒸锅蒸熟即可。

三鲜包子

Tips
早上孩子吃些猪肉，能补充蛋白质和脂肪酸。

原料： 面粉500克，鸡肉50克，水发海参、虾仁各100克，猪五花肉、冬笋各300克，葱花、姜末各适量

调料： 盐、生抽、芝麻油、发酵粉、食用碱各适量

做法：

1. 猪五花肉、虾仁、冬笋、鸡肉、水发海参均洗净切碎，加入盐、芝麻油、生抽、姜末、葱花，搅拌均匀成肉馅。
2. 发酵粉用温水化开，倒入面粉中和成面团。静止一段时间，发酵。
3. 面团搓条下剂，擀成圆皮，抹馅捏成包子。
4. 放入蒸笼中蒸熟，关火，静置5分钟，取出即可。

香菇鸡腿粥

原料： 鸡腿1只，鲜香菇1朵，大米80克，鸡汤600毫升

调料： 水淀粉、熟食用油、盐、香菜段各适量

做法：

1. 鲜香菇洗净去蒂，切成片，放入碗中，拌入水淀粉、熟食用油，待用。

2. 大米洗净，放入水中浸泡片刻。

3. 鸡腿洗净、去骨，切成小块，拌入水淀粉、盐腌渍10分钟。

4. 锅置火上，注入适量鸡汤，倒入大米，煮沸后转小火，熬煮至黏稠，加入鸡块与香菇再煮15分钟。

5. 加盐、香菜段调味，关火盛出即可。

丝瓜猪肝瘦肉粥

原料： 丝瓜30克，鲜猪肝40克，猪瘦肉50克，大米80克，姜片、香菜段、高汤各适量

调料： 盐适量

Tips

经常给孩子吃些猪肝可以维持正常视力，防止眼睛干涩、疲劳。

做法：

1. 丝瓜去皮，切片；大米洗净后，用清水浸泡30分钟左右。

2. 猪肝、瘦肉切成薄片，一同放入碗中，加盐腌渍10分钟。

3. 锅内放入高汤、大米，大火煮沸，加入猪瘦肉片、姜片，加盖，转小火熬煮30分钟左右。

4. 揭盖加入猪肝片、丝瓜，加盖煮15分钟左右。

5. 加入盐调味，撒上香菜段，盛出即可。

西红柿饭卷

原料： 米饭400克，西红柿200克，鸭蛋40克，玉米粒30克，胡萝卜30克，洋葱25克，葱花适量

调料： 盐、食用油、鸡粉、白酒各适量

Tips

吃些西红柿，有助于宝宝胃液对脂肪及蛋白质的消化，增强免疫力。

做法：

1. 洗净去皮的胡萝卜切粒，洗净的洋葱切粒，西红柿洗净去皮切丁。

2. 玉米粒焯煮至断生，捞出沥干。

3. 鸭蛋加盐、白酒、葱花搅匀打散。

4. 倒入洋葱、胡萝卜、玉米、西红柿，炒匀，加入盐、鸡粉，倒入冷米饭炒匀。

5. 鸭蛋液煎成蛋饼，铺上米饭卷成卷，放在砧板上，切成小段即可。

午餐：
均衡膳食，补充能量

经过一上午的学习和活动，到了中午的时候，宝宝从早餐中获得的能量和营养已经被消耗得差不多了，需要及时进行补充，为下午的学习和活动提供充足的能量。午餐正是起着这样一个承上启下的营养"接力棒"的作用。

如何给孩子搭配合理的午餐

按照平衡膳食的原则，根据孩子生长发育的需要，除了须满足孩子对各营养素需求量所供给外，还按各营养素的比例选择食物的品种，并将它们巧妙的搭配，使食物的色、香、味、形、营养俱全。据中国营养学会为我国学龄儿童提供的膳食指导，午餐是一日三餐中最重要的，能为孩子提供全日能量的40%，早餐和晚餐则各提供30%的能量。

家长们在做菜的时候尽量做到一周蔬菜不重复，荤菜不以单一的猪肉、鸡蛋为主，人体若食用鱼肉蛋等酸性食物过多，易使人疲劳，抵抗力降低，记忆力减退。一份荤须与三份素菜搭配，达到酸碱比例合适。让孩子在午餐中食用三种荤菜五种蔬菜。

维生素A供应充足，既有助于保护视力，又可预防呼吸道感染；B族维生素与补充能量消耗有关；维生素C可促进铁的吸收，又是许多酶的辅酶，均须充分供给。寒冷季节还应考虑维生素D制剂的补充，以提高钙的吸收。

在给孩子提供主食时除每周供应大米饭外，还可以搭配一些面点，比如豆类杂粮。在保证孩子膳食中蛋白质、热量、纤维素等营养供给的同时，适当增加富含纤维素的粗杂粮比例，如午餐后给孩子吃一段玉米、一段山芋或者一个南瓜饼。下午的点心给孩子吃山芋粥、玉米面、盐水花生等。还可给孩子每天喝一杯牛奶或豆浆以获得较多的钙和蛋白质。

孩子对色彩鲜艳的食物格外青睐，家长在搭配食材的时候也应注重对菜肴颜色的挑选和搭配，把它们切成末、丝、块、条、丁等各种形状。如炒四丁中就搭配了莴笋丁、虾仁丁、胡萝卜丁、茭白丁，红、黄、绿、白，色彩鲜艳，形状可人。又如卤鸭肝，黄皮红襄的蛋肉卷，再加上几段翡翠色的黄瓜或红绿相伴的番茄菠菜汤，面对这样的午餐本身就是一种美的享受。孩子看到这样鲜艳的菜肴，食欲当然会大大提高。

酸甜鱼块

原料：草鱼300克，鸡蛋1个，葱、姜各适量

调料：盐、番茄酱、白糖、食用油、淀粉、芝麻油、料酒、生抽各适量

Tips

草鱼中富含磷，可促进孩子成长及身体组织器官的修复。

做法：

1.草鱼洗净，去鳞去骨切块；葱切段、姜切末。

2.鸡蛋磕入碗中，用筷子打散，放入适量淀粉、盐搅拌均匀。

3.鱼块放入碗中，加入姜末、盐、芝麻油、料酒、淀粉、蛋液搅拌均匀。

4.锅中注油，放入鱼块，炸至两面金黄捞出。

5.锅底留油，放入葱段、生抽、番茄酱、白糖翻炒片刻，加入清水，烧开。

6.倒入水淀粉勾芡，制成番茄汁，将番茄汁淋入鱼块上即可。

黄豆芽排骨豆腐汤

原料： 豆腐1盒，黄豆芽200克，排骨400克，青椒150克，高汤适量

调料： 香葱段、姜片、盐各适量

做法：

1. 豆腐切块，青椒切丝，黄豆芽洗净。
2. 排骨切块，焯烫一下，捞出。
3. 高汤煮沸，下排骨、黄豆芽、姜片、豆腐块、青椒丝，转小火煮约30分钟。
4. 加盐、香葱段搅匀即可。

蘑菇浓汤

原料： 口蘑65克，奶酪20克，黄油10克，面粉12克，鲜奶油55克

调料： 盐、鸡汁、芝麻油、食用油各适量

做法：

1. 口蘑切丁，加盐，焯煮后捞出。
2. 炒锅注油烧热，倒入黄油，煮至溶化，放入面粉，搅匀，加水，拌匀。
3. 倒入口蘑，加鸡汁，煮至沸腾，放入奶酪，拌匀，煮至溶化，加盐，拌匀。
4. 倒入鲜奶油，煮成黏稠状，淋入芝麻油，拌匀即可。

芝麻糕

Tips

芝麻磨得精细一些，幼儿食用后才能更好地吸收营养物质。

原料：糯米500克，熟芝麻150克

调料：白糖150克，糖桂花、芝麻油各适量

做法：

1. 将熟芝麻研成细末。
2. 糯米清洗干净，放入锅中加水蒸成糯米饭，用大碗盛出。
3. 加入芝麻油、糖桂花、白糖拌匀。
4. 将熟芝麻粉的一半铺在砧板上。
5. 糯米饭平铺在芝麻粉上压平整。
6. 在糯米饭上撒一层芝麻粉，放冰箱冷却后取出，将其切成长方形块，装入盘中即可。

豆沙卷

原料：豆沙50克，
澄面100克，椰蓉100
克，糯米粉500克，猪
油150克

调料：白糖120克

Tips

面片不宜擀得太薄，以
免包入馅料时将豆沙卷
弄破。

做法：

1. 将澄面装入碗中注入适量开水，烫一会儿，搅匀。再把碗倒扣在案板上，使澄面充分吸干水分。揭开碗，将澄面揉搓匀，制成澄面团，备用。

2. 将部分糯米粉放在案板上，加白糖，注水，搅拌匀，再分次加入余下的糯米粉、清水，搅拌匀。

3. 放入备好的澄面团，混匀，加猪油，揉搓匀。将面团搓成长条，制成面片。

4. 把豆沙搓成长条，制成馅料。馅料放在面片上，卷起，裹严实，制成面卷儿。

5. 取一个干净的蒸盘，放上豆沙卷生坯，摆好。将豆沙卷放入蒸锅，用大火蒸约8分钟，至食材熟透，取出逐一裹上椰蓉即可。

鲜虾烧卖

原料：白菜400克，净虾仁、金针菇、香菇末、芹菜、鸡肉末、藕、姜末、葱末、香葱各适量

调料：生抽、盐各适量

Tips

孩子早上吃些虾，能够很好地促进钙质吸收。

做法：

1. 芹菜、藕、净虾仁处理好后，剁成碎末。

2. 白菜洗净，焯烫后过凉。

3. 取一干净大碗，倒入香菇末、鸡肉末、虾仁末、芹菜末、藕末。

4. 加生抽、盐、姜末、葱末搅拌均匀，制成馅料。

5. 将馅料包在白菜叶里，用香葱系紧。

6. 插上金针菇，上锅蒸熟即可。

三鲜蒸饺

Tips

笋丝先用开水焯一下去除草酸。

原料：面粉500克，鸡肉250克，八爪鱼、大虾各100克，笋50克，葱花、姜末各适量

调料：盐、生抽、淀粉、芝麻油、色拉油各适量

做法：

1. 将鸡肉剁成碎丁；将八爪鱼、笋分别洗净，切丁；大虾去皮、去虾线，洗净切成丁。
2. 将所有材料加入所有调料，拌匀成馅。
3. 把面粉放在案板上，用开水烫好，揉成面团，搓成长条，揪成剂，擀成圆形薄皮，包馅，捏合成月牙形的饺子。
4. 把饺子放入蒸锅，蒸熟后取出即可。

晚餐：
科学搭配，营养多元化

晚餐的营养是孩子长身体、长知识的储备力量，其各种营养素供给量应不少于全天总量的30％，以维持孩子们良好的生长发育和智力发展。科学的晚餐有助于孩子睡眠，确保他们得到足够的休息。晚餐盘中，一半的位置应该留给水果和蔬菜，1/4是低脂蛋白，剩下的是粗粮食品，如糙米或全麦面食。

如何给孩子搭配合理的晚餐

孩子的晚餐，除了具备荤素的各种搭配，还要补充孩子所需的营养物质，不要让孩子产生偏食的症状，晚餐最好不要和午餐的食物品种相同。合理的膳食是保障孩子成长的必要因素。

晚餐要适量

孩子的晚餐应当适量，既不可过多也不宜过少，以免因饥饿而影响睡眠质量。孩子如果因学习导致休息较晚时，家长可以在睡前给孩子适量补充牛奶、花生或核桃类坚果、新鲜水果，既有利于睡眠，又能补充大脑营养。尽量不让孩子进食含盐或糖较多的零食。

低卡、易消化

孩子的晚餐应当低卡、易消化，少进食高脂类不易消化的食品，不妨以面条、稀饭、小包子配以新鲜的水果、蔬菜。同时，孩子睡觉时间一般较成人早，晚餐应安排在晚上六七点，以免影响孩子睡眠和正常的消化吸收。

营养多样化

在晚餐的食物营养供给中，应坚持多样化原则。孩子正处于长身体的阶段，特别要注意供给足量的优质蛋白质、钙、铁、锌、维生素A等与生长发育相关的营养素。

注重菜式的色泽和形状

在食材种类方面，不仅要注重营养的科学搭配，还要注重菜式的色泽和形状。多给孩子吃一些颜色较深的蔬菜，这些蔬菜光照充足，营养成分高。在制作上要切小一些，颜色搭配合理，以调动孩子的进食欲望。

"补偿式"晚餐不利于孩子健康

由于父母工作繁忙等原因，如今许多孩子的用餐习惯都变成了"早餐马虎、午餐应付、晚餐丰富"。为了弥补孩子早餐和午餐的营养损失，很多家庭的晚餐是鸡鱼肉蛋齐全，菜式丰富多彩。"补偿式"晚餐中鸡鸭鱼肉多，青菜和新鲜水果少，孩子摄取的营养不合理、不均衡，很容易诱发肥胖，进而导致高血压、动脉硬化等疾病的发生。

小·炒鱼

Tips
炸鱼时可多加搅拌，受热会更均匀。

原料：草鱼块200克，红椒块40克，青椒块40克，姜片、葱段各少许

调料：生粉30克，盐、鸡粉各2克，白糖、料酒、生抽、老抽、食用油、水淀粉各适量

做法：

1. 鱼块加盐、鸡粉、料酒、生粉，腌渍入味。
2. 将鱼块放入油锅中炸至金黄色捞出。
3. 姜片、葱段，爆香，放青椒块、红椒块，注水，淋入生抽、老抽。
4. 放盐、鸡粉、白糖，加水淀粉，炒匀，倒入鱼块，翻炒至入味即可。

腐竹烧肉

原料：猪瘦肉块150克，腐竹100克，葱段、姜片各适量

调料：老抽、盐、料酒、水淀粉、生抽、食用油各适量

做法：

1. 猪瘦肉块加盐、料酒、生抽腌渍后入油锅稍炸片刻捞出，再加水、老抽、料酒、葱段、姜片，焖煮30分钟左右。
2. 腐竹用温水泡开，切段，放入锅中。
3. 放盐，加水淀粉勾芡，关火盛出。

虾·味鸡

原料：虾100克，净鸡肉100克

调料：盐2克，料酒、食用油、淀粉各适量

做法：

1. 虾去壳，去虾线，剁成碎末，用盐、料酒腌制片刻。
2. 鸡肉加盐、料酒腌制片刻，上淀粉，将虾末抹于鸡肉表层。
3. 锅中注油烧热，放入鸡块炸至两面金黄后捞出，切成块状即可。

苹果鸡

原料：苹果400克，鸡腿500克，葱段、姜丝各适量

调料：生抽、白糖、料酒、水淀粉、芝麻油、食用油各适量

做法：

1. 苹果去核切成块，鸡腿切成块。
2. 热锅烧油，倒入葱段、姜丝。
3. 倒入鸡肉炒至转色，加入生抽后翻炒上色，加入白糖、料酒，翻炒提鲜。
4. 倒入苹果块用小火烧40分钟收汁，淋入水淀粉、芝麻油，翻炒匀即可。

韭黄炒鸡柳

原料：鸡胸肉220克，韭黄100克，红椒、葱段、姜片各适量

调料：盐、料酒、食用油、水淀粉各适量

做法：

1. 鸡胸肉切条，放入碗中，加料酒、盐腌制；韭黄切段；红椒去蒂去籽，切丝。
2. 锅中注油，放葱段、姜片，炒香，放入鸡柳炒散，加入适量料酒炒匀。
3. 加入韭黄段、红椒丝，翻炒均匀，加入盐调味，最后用水淀粉勾芡即可。

西红柿牛肉汤

原料： 牛腩155克，西红柿80克，葱花、姜片各少许

调料： 八角15克，盐2克，鸡粉2克，白胡椒粉2克，料酒5毫升

Tips

西红柿富含铁质、柠檬酸等，孩子食用，可预防贫血。

做法：

1. 牛腩切块；西红柿切瓣儿，再切小块。

2. 砂锅注水烧开，倒入八角、牛腩块、姜片，淋上料酒。

3. 加盖，调小火煮至熟透，倒西红柿块。

4. 加盐、鸡粉、白胡椒粉，搅拌调味。

5. 关火后将煮好的汤盛出装入碗中，撒上备好的葱花，即可食用。

加餐：
让孩子营养更均衡

孩子的胃容量小，又活泼好动，容易饿，最好的办法就是少食多餐，一般上午加餐一次，下午加餐一次。由于午餐和晚餐时间相隔更长，所以下午加餐更为重要。给孩子准备什么样的午后加餐才能给孩子补充适当能量和营养的同时，又不增加额外能量，甚至影响正餐呢？

加餐的重要性

补充能量

小朋友新陈代谢快，能量消耗很大，加餐可以及时补充能量，满足其身体快速发育的需要。可选择一些全麦饼干、奶酪、牛奶、水果（草莓、香蕉、猕猴桃等），还可以选择具有健脑作用的坚果类食品，如核桃、花生、黑芝麻等。需要注意的是，坚果类食物最好炒熟、碾碎，在调成糊状或者煮开后再给孩子吃。

培养良好的情绪体验

加餐可以为小朋友提供良好的情绪体验。法国一位专家表示，给孩子加餐可以给孩子情感上颜色，是加深亲子感情的重要时刻。所以，要让孩子在愉快的氛围下享受美食。

促进消化系统发育

要知道，小朋友的胃容积很有限，再加上活泼好动，运动量大。若是一天只吃三餐，那么晚上临睡前会很饿。白天适时给他们加餐有助于孩子消化系统的发育，促进营养消化、吸收。

加餐不宜选择的食物

彩色食品

这类食品通常加入了人工合成色素，由于宝宝肝脏解毒功能和肾脏排泄功能较差，有害物质易在体内蓄积，对宝宝的健康和智力发育不利。

冰镇类食品

进食过多冰镇类食品，易影响正常的胃液分泌，引起消化不良、厌食、腹痛、腹泻等，还易使宝宝咽喉部抵抗力降低，从而使细菌乘虚而入，引起感冒、喉炎等。

果冻类食品

这类食品是用海藻酸钠、琼脂、明胶、卡拉胶等增稠剂，加入少量香精、色素、甜味剂、酸味剂等配制而成，经常食用无益于宝宝的健康。

碳酸饮料

早有报道，过量饮用可乐型饮料致儿童性早熟。其实孩子最好的饮料是白开水，也可以在白开水中加入少量鲜榨的果汁，但切勿过多，更不可以用它来代替白开水。

加餐也要认真吃

也许对成年人来说，加餐就是应该像零食一样，随便吃。但是对于孩子来说，是他的"一日五餐"或"一日六餐"中的一餐，加餐应该像吃正餐一样，要养成先洗手，坐下来专心吃的习惯，不要让孩子边玩边吃，这样既不卫生，又分散注意力，影响消化液的分泌。加餐也要定时、定量，这样不仅可以补充宝宝额外需要的营养，也不会影响宝宝吃正餐的食欲。

陈皮红豆沙

食谱推荐

原料： 水发红豆300克，陈皮20克

调料： 冰糖70克

Tips

适当食用陈皮可促进消化液的分泌，排除肠管内积气，增加食欲。

做法：

1. 砂锅注水，高温加热。
2. 放入备好的水发红豆，倒入洗净的陈皮，拌匀。
3. 加盖，煮约150分钟，至红豆熟软。
4. 倒入冰糖，边煮边搅拌，至糖分完全溶化即可。

红豆红糖年糕汤

原料： 红豆50克，年糕80克

调料： 红糖40克

做法：

1. 锅中注水烧开，倒入洗净的红豆。
2. 盖上盖，小火煮15分钟至红豆熟软。
3. 把年糕切成小块。
4. 揭开盖，倒入年糕，加入适量红糖。
5. 拌匀，用小火续煮15分钟至年糕熟软，关火后把煮好的甜汤盛入碗中。

奶香红豆糕

原料： 牛奶150毫升，蜜豆70克，鱼胶粉10克，淡奶油100克

调料： 白砂糖70克

做法：

1. 白砂糖、鱼胶粉倒入碗中，混合匀。
2. 牛奶倒入奶锅中加热至冒热气，倒入鱼胶粉，搅拌。关火，倒入淡奶油，搅拌均匀，再加入蜜豆，搅拌片刻。
3. 将奶浆倒入模具中，再放入冰箱冷藏至完全凝固，将模具取出，脱模，修去四边，切成小方块装入盘子即可。

蜜瓜布丁

原料：鱼胶粉8克，白砂糖25克，牛奶250毫升，哈密瓜50克

做法：

1. 鱼胶粉与白砂糖混合匀。
2. 哈密瓜打成果泥。
3. 牛奶倒入奶锅中，加热至冒烟，倒入鱼胶粉，充分搅拌均匀。
4. 把煮好的牛奶倒入果泥中，搅拌匀。
5. 再倒入容器内，冷却后放入冰箱冻至凝固即可。

夹心饼干

原料：黄油50克，低筋面粉200克，巧克力酱适量，白砂糖60克，盐2克

做法：

1. 白砂糖、黄油倒入碗中，打至泛白。
2. 加盐，搅拌匀，分次加入低筋面粉，充分揉匀，分成数个剂子。
3. 将剂子捏成小碗状，挤入巧克力酱，包住，搓成小圆饼状，放入烤盘。
4. 烤盘放入预热好的烤箱，以上下火165℃，烤20分钟即可。

圣诞饼干

原料： 黄油100克，抹茶粉15克，低筋面粉115克，鸡蛋1个，白巧克力、草莓果酱各适量，糖粉65克，白砂糖50克

Tips

牛奶不宜加太多，否则饼干生坯不易成形。

做法：

1. 低筋面粉与抹茶粉混合均匀。
2. 糖粉、白砂糖加入黄油，用搅拌器打至发白，加入鸡蛋，再次打匀，分次加入粉类，充分搅拌均匀。
3. 取适量面团逐一搓圆放入烤盘，用手指将面球中压一个凹槽。
4. 烤盘放入预热好的烤箱内，以上火180℃、下火170℃，烤15分钟。
5. 待时间到，取出放凉。
6. 在凹槽内挤入适量草莓果酱，再来回挤上少许巧克力即可。

香蕉多士卷

原料： 吐司2片，香蕉40克，黄油少许

Tips

香蕉含有的核黄素能促进孩子正常生长发育。

做法：

1. 吐司修去四边，用擀面杖将其擀扁。
2. 吐司平铺放入香蕉，卷成卷。
3. 上面刷上一层黄油。
4. 放入预热好的烤箱内，以上下火160℃烤至金黄色，取出即可。

红豆戚风蛋糕

Tips

适当吃些红豆，能促进孩子的肠胃消化，帮助排出毒素。

原料： 红豆粒、低筋面粉各80克，蛋白200克，细砂糖、蛋黄各100克，色拉油70毫升，塔塔粉2克，盐1克，牛奶53毫升

做法：

1. 色拉油、牛奶倒入容器内，加低筋面粉，边倒边搅拌。

2. 倒入盐，搅拌片刻，放入蛋黄，搅拌呈丝带状。

3. 蛋白加白砂糖、塔塔粉，打发至鸡尾状。将一部分蛋白倒入蛋黄内，搅拌匀。拌好的蛋黄再倒回蛋白内，搅拌匀。

4. 烤盘内垫上烘焙纸，撒上红豆粒，倒入蛋糕液，表面抹平，再震一下烤盘。

5. 烤盘放入预热好的烤箱，以上火155℃、下火130℃烤30分钟。取出烤盘，倒出蛋糕，撕去烘焙纸，切成小方块装入盘中即可。

Part 4

特效功能食谱，
让孩子身体棒棒

　　0~6岁这个阶段是为以后的身体健康打基础的时候，如果这个时候营养跟不上，就很容易导致一些问题的出现，并影响之后的健康。妈妈既要清楚哪些营养元素对孩子来说是必需的，哪些是要控制的，又要知道怎么选择合适的食材，做出有营养的辅食，通过饮食来为宝宝补充各种营养素。

哪些食材
能更好地补充营养

儿童在成长过程中需要各种营养素，全面的营养素对体格的发育、智力的提升等各方面都有好处。那么，在生长过程中需要补充哪些营养素呢？

鱼类	鱼类中富含的球蛋白、白蛋白、含磷的核蛋白、不饱和脂肪酸、铁、维生素B_{12}等成分，都是幼儿脑部发育所必需的营养素。
蛋类	蛋类是极好的蛋白质来源，无论是鸡蛋、鸭蛋还是鸽蛋，都提倡孩子吃全蛋。此外，蛋黄中铁、磷的含量较高，也有利于孩子的脑发育。
核桃仁	核桃仁能益血补髓、强肾补脑，是强化记忆力和理解力的佳品。核桃仁不易消化，一般3~6岁的幼儿每天吃3~4颗大核桃仁就够了。
杏仁	杏仁是一种营养素密集型坚果，其营养价值十分均衡。大颗的甜杏仁有养心、明目、益智的功能，经常服食可让孩子变聪明。
大枣	枣有"天然维生素"的美誉。给孩子吃些鲜枣，可摄入大量维生素C、微量元素，有安神益智的作用，能让半夜容易梦魇的孩子睡得踏实。
龙眼肉	龙眼也叫桂圆，对体弱多病的孩子有养血安神的作用，长期食用可改善孩子的健忘现象，有强心益智的功效。不过，建议一周最多吃三次。
蜂蜜	经现代医学临床证明，适当服用蜂蜜可促进消化吸收、增进食欲、镇静安眠、提高机体的免疫力，对促进婴幼儿的生长发育有着积极的作用。
苹果	苹果含有能增强记忆力的苹果醇素。条件允许的情况下，尽量让孩子吃新鲜苹果。
葡萄	葡萄具有补肝肾、益气强记、益智的功效，但孩子每天的食用量最好控制在200克内，以免摄入太多糖类影响正餐的摄取。

儿童生长时期
不能缺少的营养元素

　　营养是儿童生长发育的物质基础，合理的营养可以增进健康，营养失调则可引起疾病，所以家长们要及时调整饮食，补充各种营养素，供给幼儿平衡膳食。

维生素A	维生素A是保护孩子视力的关键营养素，在色彩识别和夜间视力方面的作用尤为突出。此外，它还能帮助免疫系统对抗感染。
B族维生素	B族维生素能够帮助身体制造和利用能量，如果缺乏这些物质，孩子就会发生贫血。
维生素C	充足的维C能帮孩子摆脱打喷嚏和流鼻涕的困扰，对抗感染，还能加速伤口的愈合。富含维生素C的食物有橙子、草莓和甜红辣椒等。
维生素D	要想有强健的骨骼和牙齿，孩子就需要补足维生素D。它可以帮助人体吸收钙质，构建骨骼。皮肤在接触阳光时也会产生维生素D。
钙	充足的钙质能让孩子长得更高、更壮，也会降低未来发生骨骼疾病的风险。为此，乳制品是孩子饮食中不可缺少的食材。
锌	锌能提升孩子免疫力，从而对抗病菌引起的感冒等疾病，身体的成长和发育也离不开锌的作用。孩子应经常吃些鸡肉、豆类等富含锌的食物。
铁	铁不仅给血流以动力，也会储藏在血红细胞中，将氧气输送到身体的各个器官。经常给孩子吃些含铁质食物，如瘦牛肉、豆类、深色绿叶菜等。
镁	镁是构筑人体细胞的基础之一。富含镁的食物有麦麸片、糙米、豆制品、杏仁和其他坚果等，这些食物都可以促进孩子的心脏健康。
钾	细胞和器官的正常工作离不开钾，它还有助于控制血压，并且在孩子运动时给心脏和肌肉提供足够的动力。香蕉是钾的良好来源。

孩子营养素缺乏警示信号表

钙	牙周病、焦虑不安、骨质疏松。
铁	手脚冰冷、记忆衰退、贫血、反应慢、烦躁、易腹泻、骨质疏松。
锌	肌肤干燥、头发毛躁；易患呼吸道感染等疾病；外伤伤口难愈合。
碘	学习能力差、肥胖、记忆力差。
镁	肌肉抽搐、骨质疏松、出现定向障碍。
维生素A	夜晚视力减弱、肌肤干燥、视力衰退、头发毛躁、出现多种皮肤色斑。
维生素B$_1$	缺乏食欲、易怒、易疲乏、头痛，严重的会呕吐、腹泻、体重下降。
维生素B$_2$	口角发生乳白色糜烂、裂口和出血，伴随疼痛感，喉咙疼，干涩难受。
维生素B$_6$	嘴角干裂、眼睛周围发炎、四肢麻木抽筋、肌肤干燥、反应迟钝、头痛。
维生素B$_{12}$	焦虑、头痛、胳膊和大腿酸痛、嘴感觉酸痛、四肢感觉发麻。
维生素C	皮肤会有血点、易患呼吸道疾病、流鼻血、关节痛、伤口愈合慢。
维生素D	牙周病、关节肿大、骨质疏松、鸡胸、罗圈腿。
维生素E	肌肤干燥、牙周病、健忘、手脚冰冷、肩膀酸痛。

补钙食谱：
给足孩子牙齿和骨骼营养

人有两个生长高峰期：1岁以前（婴儿缺钙将导致发育迟缓，发育不良，诸如出牙晚、学步晚、鸡胸）和12~14岁（儿童缺钙将导致身材矮小、生长痛）。

如何给孩子补钙？

补钙的重要性

钙是人体不可或缺的元素，是生命之源。婴幼儿从出生到青春期阶段，不管是脑还是身体各方面的成长都需要大量补钙，如果这时缺钙会对孩子的骨骼发育、智力发育等各种机能的完善带来伤害，家长不能忽视宝宝补钙的重要性。

在补钙问题上，各种营养保健品满天飞。事实证明，通过饮食补钙比保健品更有效，也更健康。奶酪是最好的食物钙的来源，其钙含量是牛奶的6~8倍，是纯天然的补钙剂，而且易吸收。

补钙的食材

乳类与乳制品	牛奶、羊奶、奶粉、奶酪、酸奶及其奶制品
肉禽蛋类	牛肉、羊肉、鸡肉、鸭肉、鸡蛋、鸭蛋、鹅蛋、鹌鹑蛋等
海鲜类	鲫鱼、鲤鱼、小鱼干、海参、泥鳅、虾、虾皮
蔬果类	芹菜、油菜、胡萝卜、深色蔬菜、柠檬、苹果、枇杷、山楂等
豆类与豆制品	黄豆、毛豆、豆腐、豆腐干等
坚果类	花生、南瓜子、西瓜子、杏仁等

京都排骨

原料： 排骨350克，蒜片30克，姜片20克，葱碎20克

调料： 五香粉10克，生粉30克，番茄酱30克，盐、白糖各2克，鸡粉3克，水淀粉4毫升，生抽5毫升，陈醋4毫升，料酒4毫升，胡椒粉、食用油各适量

Tips

排骨中富含铁、锌等微量元素，孩子吃了可以强健筋骨。

做法：

1. 排骨装碗，加盐，淋入料酒、生抽，再加入适量鸡粉，放入胡椒粉、五香粉。

2. 倒入蒜片、姜片、葱碎，搅拌匀，撒上生粉，拌匀，腌渍30分钟。

3. 热锅注油，烧至七成热，倒入排骨，将排骨炸熟，捞出，沥干油分，待用。

4. 取一个碗，注水，放入生抽、陈醋、盐、鸡粉，再放入白糖、番茄酱、水淀粉，搅拌匀，制成酱汁。

5. 将酱汁倒入锅中，翻炒加热。

6. 再倒入炸好的排骨，搅拌匀，使排骨裹上酱汁，盛出，摆上装饰即可。

焖冬瓜

原料： 冬瓜250克，瘦猪肉50克，榨菜8克，海米10克，葱花、姜末、蒜泥、高汤各适量

调料： 芝麻油、食用油、盐各适量

做法：

1. 冬瓜去皮、去瓤，洗净，切厚片。
2. 瘦猪肉、榨菜、海米剁成末。
3. 葱花、姜末、蒜泥入油锅煸炒出香味。
4. 倒冬瓜炒匀，倒入高汤，煮至沸腾。
5. 加肉末、榨菜末、海米末，加盐，焖烧至冬瓜熟软，淋上芝麻油，装盘。

上汤娃娃菜

原料： 娃娃菜500克，虾米50克，松花蛋1个，高汤、蒜、姜各适量

调料： 盐、食用油各适量

做法：

1. 娃娃菜去老帮、老菜叶，洗净。
2. 松花蛋切碎，虾米用温水浸发。
3. 蒜去皮，洗净，切片；姜洗净切丝。
4. 锅中放食用油，倒入虾米、蒜片、松花蛋碎、姜丝，用小火煎香。
5. 倒入高汤、盐用大火煮沸，放入娃娃菜煮熟即可。

豆皮炒青菜

原料： 豆皮30克，上海青75克

调料： 盐2克，鸡粉少许，生抽2毫升，水淀粉2毫升，食用油适量

做法：

1. 将豆皮切成小块，上海青洗净切成小块。
2. 豆皮炸至酥脆，捞出待用。
3. 锅底留油，倒上海青，加盐、鸡粉，倒少许水，下入炸好的豆皮，翻炒匀。
4. 淋入少许生抽，翻炒至豆皮松软，倒入水淀粉勾芡，装盘即可。

鳕鱼片

原料： 鳕鱼150克，鸡蛋1个，葱花适量

调料： 料酒、醋、生抽、白糖、姜汁、食用油、淀粉、芝麻油、水淀粉各适量

做法：

1. 鳕鱼切片，用蛋黄、干淀粉浆好。
2. 油锅烧热，将鱼片下入炸透，捞出。
3. 锅内加清水，倒入姜汁、醋、白糖、料酒、生抽，放入鱼片，用水淀粉勾芡，沿锅边倒油，将鱼片翻转，淋芝麻油，撒上葱花即可。

补铁食谱：
提高宝宝造血功能

铁元素是构成人体的必不可少的元素之一，是儿童成长必不可缺的元素。儿童缺铁会影响到身体健康和生长发育，所以，给儿童补铁是十分重要的，而食补是最安全的方法。

如何给孩子补铁？

宝宝体内铁元素损耗过多

宝宝膳食的不合理、食材不同，铁元素的吸收利用率也就不同。研究表明，植物性食物中铁的吸收率要比动物性食物低。植物中的草酸、植酸或是高磷低钙的膳食都会影响宝宝对铁的吸收。妈妈一定要多多学习营养常识，准备一些含铁量高、易吸收的食物给孩子食用，才能保证宝宝对铁的摄入哦！

补铁有妙招

食补： 食补是宝宝补铁的最佳途径。以含铁量为区别，可分为以下几种：

最佳食物	动物血、肝脏、黑木耳、鸡蛋黄、大豆、芝麻
优质食物	瘦肉、红糖、红枣、干果、鱼类、贝类
普通食物	海带、谷物类、蔬菜、豆类
辅助性食物	奶制品、水果

药补： 对于患有缺铁性贫血的宝宝，口服药品是首选。妈妈按照医生嘱咐，可以给宝宝服用铁剂。优点是见效快，一般1~2个星期后，血红蛋白的浓度就开始有所提升，坚持三个月，体内铁的储备就可以得到满足。

香菇烧豆腐

Tips

豆腐含有铁、钙等人体必需的多种微量元素，在造血功能中可增加血液中铁的含量。

原料：豆腐60克，鲜香菇50克

调料：食用油、盐、料酒、水淀粉各少许

做法：

1. 鲜香菇去蒂切片，焯煮片刻，捞出。

2. 豆腐切成小方块，焯煮片刻，捞出。

3. 锅中倒入食用油烧热，加入豆腐块煸炒一会儿。

4. 放入香菇片和适量清水、料酒、盐。

5. 大火烧5分钟，用水淀粉勾芡即可。

芹菜豆皮干

Tips

芹菜梗口感鲜嫩，炒制时可用大火快炒。

原料：豆皮、芹菜100克，蒜末、姜片各少许

调料：盐、鸡粉各2克，食用油适量

做法：

1. 芹菜切段，豆皮切块。
2. 热锅注油，放入豆皮炸至两面呈金黄色，捞出沥干，放凉，切成小段。
3. 用油起锅，放入姜片、蒜末，爆香。
4. 倒入芹菜段，炒香。
5. 放入豆皮段炒匀，注入适量清水，加入盐、鸡粉，翻炒至入味即可。

山药菠菜汤

原料：山药20克，菠菜300克

调料：盐、芝麻油各适量

做法：

1. 用刮刀刮去山药表皮，再切成薄片。
2. 菠菜择好，去掉老叶，洗净，切段。
3. 汤锅置于大火上，加入适量清水烧开，放入山药片，煮20分钟左右。
4. 放入菠菜段，煮熟。
5. 加入盐，搅拌均匀，滴入芝麻油，搅拌均匀，关火即可。

糖醋菠菜

原料：菠菜280克，姜丝25克，红彩椒丝10克

调料：白糖2克，白醋10毫升，盐、食用油、花椒粒各适量

做法：

1. 菠菜去根部，切长段，倒入沸水中，氽煮至断生，捞出沥干。
2. 菠菜段装盘，铺上姜丝、红彩椒丝。
3. 锅中注水，加盐、白糖、白醋，拌匀成糖醋汁，浇在菠菜上。
4. 另起锅注油烧热，将热油浇在菠菜上即可。

肉末炒芹菜

原料：瘦猪肉250克，芹菜100克，葱、姜各适量

调料：食用油、生抽、盐、料酒各适量

做法：

1. 猪肉剁成末，葱、姜切成末。
2. 芹菜去根、叶，切末，焯水，捞出。
3. 锅置火上，倒入食用油，放入葱末、姜末煸炒出香味，放入肉末翻炒几下，加入生抽、盐、料酒，炒匀。
4. 加入芹菜末，炒熟即可。

手抓饭

原料：大米50克，土豆、洋葱、胡萝卜各100克

调料：盐少许

做法：

1. 大米洗净，浸泡半个小时；土豆去皮切丁；洋葱、胡萝卜分别洗净切丁。
2. 大米放入电饭锅，加适量清水煮熟。
3. 锅置火上，加水，倒入土豆丁、洋葱丁、胡萝卜丁翻炒均匀，加盐调味。
4. 将米饭铺在上面，加盖，小火煮20分钟即可。

补锌食谱：
促进宝宝身体发育

锌是人体多种酶和活性蛋白的必需因子，对提高人体的认知能力和中枢神经系统活动、增强免疫功能有着重要的作用。锌是免疫器官胸腺发育的营养素，锌量充足才能有效保证胸腺发育，正常分化T淋巴细胞，促进细胞免疫功能。

如何给孩子补锌？

补锌有妙招

食补：食补是最好的进补方法，也是补锌的最佳途径，既方便有效，又不易发生中毒，即使摄入量稍微多了一些，也可以依靠机体的调节系统，减少消化道的吸收或者增加排泄而达到平衡。平时多鼓励孩子进食含锌丰富的食物，如粗面粉，豆腐等大豆制品、牛肉、羊肉、鱼、瘦肉、花生、芝麻、奶制品、海鲜等食物。同时，还要培养孩子不挑食、不偏食的好习惯，均衡膳食，粗细杂粮混合搭配，这样孩子完全可以从食物中摄取足量的锌元素。

药补：宝宝缺锌严重时，可在医生指导下给予硫酸锌糖浆或葡萄糖酸锌等制剂。

硫酸锌	最早用于临床，但缺陷较多，过度使用会导致较重的消化道反应，如恶心、呕吐，甚至胃出血。
葡萄糖酸锌	有机锌，有轻度的胃肠不适应感，饭后服用可以消除，婴儿可溶于果汁中。
锌酵母	是目前最为理想的补锌药剂，生物工程技术生产的纯天然制品，锌与蛋白质结合，生物利用度高，口感较好，孩子更乐于接受。

补锌用药时间一般不可超过2~4个月，复查正常后要及时停药。且锌的有效剂量与中毒剂量差异甚小，使用不当易导致中毒，引发缺铁、缺铜、贫血等一系列症状。

肉丝黄豆汤

原料： 水发黄豆250克，五花肉100克，猪皮30克，葱花少许

调料： 盐1克

Tips

猪皮入锅煮沸后可揭开锅盖，捞出浮沫，口感更佳。

做法：

1. 洗净的猪皮切条；五花肉切片，改刀成丝。

2. 砂锅中注水，倒入切好的猪皮条，加上盖，用大火煮15分钟。

3. 揭盖，倒入泡好的黄豆，拌匀，加盖，煮约30分钟至黄豆熟软。

4. 揭盖，放入切好的五花肉，拌匀，加入盐，稍煮3分钟至五花肉熟透。关火后盛出煮好的汤，撒上葱花即可。

豆腐狮子头

原料： 老豆腐155克，虾仁末、鸡蛋液各60克，猪肉末75克，马蹄、木耳碎各40克，葱花、姜末各少许

调料： 生粉30克，盐、胡椒粉、五香粉各2克，料酒、鸡粉、芝麻油各适量

Tips

老豆腐有增强体质、保护肝脏等作用，孩子常吃可强健骨骼和牙齿。

做法：

1. 将除鸡蛋液以外的所有食材剁末倒入碗中，倒入鸡蛋液。
2. 加盐、胡椒粉、五香粉、料酒，同向拌匀，再倒入生粉，搅成馅料。
3. 取适量馅料挤成丸子，放入沸水锅中，煮3分钟。
4. 再加入适量盐和鸡粉。
5. 关火后淋入芝麻油，搅匀即可。

猪肉青菜粥

原料：大米、青菜各50克，猪肉30克，葱末、姜末各适量

调料：生抽、盐、食用油各适量

Tips

大米入锅前用清水浸泡，可缩短煮粥时间。

做法：

1. 大米洗净；猪肉、青菜分别洗净，剁成末。
2. 锅内放入适量大米和清水，大火烧沸，改用小火熬煮。
3. 油锅烧热，放入猪肉末翻炒。
4. 加入葱末、姜末、生抽、盐翻炒。
5. 放入青菜末翻炒片刻，用盘子盛出，待用。
6. 将炒好的青菜肉末放入米粥锅中同煮10分钟左右，盛出装碗即可。

蒸白萝卜肉卷

Tips

白萝卜富含维生素C和锌，可以增强宝宝的免疫力，促进大脑发育。

原 料： 白萝卜片150克，肉末50克，蒜末5克，姜末3克

调 料： 盐1克，生抽5毫升

做法：

1.锅中注水烧开，放白萝卜片，煮至变软，捞出，沥干水分，放凉。

2.把肉末装碗，淋上生抽，加盐、蒜末、姜末，拌匀，制成馅料。

3.取萝卜片，放上馅料，包紧，用牙签固定住，制成肉卷，放在蒸盘中。

4.把蒸盘放入电蒸锅，蒸约15分钟，断电，取出即可。

芦笋炒猪肝

Tips

猪肝可先用水泡半小时，这样炒熟后就不会发黑了。

原料： 猪肝350克，芦笋120克，红椒20克，姜丝少许

调料： 盐2克，生抽、料酒各4毫升，水淀粉、食用油、鸡粉各适量

做法：

1. 芦笋切成长段；红椒去籽，用斜刀切块。
2. 猪肝切片，放入碗中，加入盐、料酒、水淀粉、油，腌渍10分钟。
3. 锅中注水烧开，倒入芦笋，加盐、食用油，煮熟，捞出；再放入红椒块，稍煮片刻捞出。
4. 另起锅，注油，烧至四成热，倒猪肝炸一会儿，捞出沥干油。
5. 锅底留油烧热，倒入姜丝，爆香，放入焯过水的食材，炒匀。
6. 倒入猪肝，炒香，加入盐、生抽、鸡粉、水淀粉，炒匀即可。

补硒食谱：
保护宝宝的视力

硒是"抗氧化营养剂"，能清除晶状体内的自由基，使晶状体保持透明状态。因此，硒对婴幼儿眼睛的正常发育非常重要。

如何给孩子补硒？

补硒有妙招

食补：一般来讲，动物性食物中的硒含量要优于植物性食物，尤其以海产品、动物内脏为甚，是补硒很好的途径。

硒含量高的动物性食材有猪腰、鱼肉、小海虾、对虾、海蜇皮、羊肉、鸭蛋黄、鹌鹑蛋、鸡蛋黄、牛肉；硒含量高的植物性食材有干松蘑、红蘑、茴香、芝麻、大杏仁、枸杞子、花生、黄花菜、豇豆等。

食植物中十字花科和百合科的富集能力是相对较强的，比如花椰菜、西蓝花，大蒜、洋葱、百合等等，平时可以有意识地多吃一些，这对宝宝补硒是有好处的。

宝宝补硒的注意事项

硒是维持人体正常生理功能的重要微量元素，有专家研究微量元素与小儿智力发育的关系时发现，先天愚型患儿血浆硒浓度较正常值偏低，因此给宝宝补硒不能盲目，有些注意事项是要牢记的。

①给宝宝吃多种食物做成的混合食物，纠正宝宝偏食、挑食的不良习惯。

②食用富硒食物，补充有机硒，如富硒蘑菇、富硒麦芽、富硒大米等。

③硒元素补充过量会导致体内维生素B_{12}、叶酸和铁代谢紊乱，如不及时治疗，对宝宝的智力发育有不良影响，所以给宝宝补硒可咨询下医生。

蒜香蒸南瓜

Tips

南瓜中的锌能参与人体内核酸、蛋白质的合成，促进孩子生长发育。

原料： 南瓜400克，蒜末25克，香菜、葱花各少许

调料： 盐2克，生抽4毫升，芝麻油2毫升，食用油适量

做法：

1. 洗净去皮的南瓜切厚片，装盘。
2. 把蒜末装入碗中，放入盐、生抽，再加入适量食用油、芝麻油拌匀，调成味汁，浇在南瓜片上。
3. 把处理好的南瓜放入烧开的蒸锅中，用大火蒸8分钟，至南瓜熟透。
4. 取出蒸好的南瓜，撒上葱花，放上香菜点缀，浇上少许热油即可。

牛奶粥

Tips

这款粥含钙丰富，是孩子补充钙质的良好来源。

原料：牛奶400毫升，水发大米250克

做法：

1.砂锅中注入适量清水，大火烧热。

2.倒入牛奶、大米，搅拌均匀。

3.盖上锅盖，大火烧开后转小火煮30分钟至熟软。

4.掀开锅盖，持续搅拌片刻即可。

鹌鹑蛋牛奶

Tips

鹌鹑蛋富含硒，尤其适合给孩子食用。

原料： 熟鹌鹑蛋100克，牛奶80毫升

调料： 白糖5克

做法：

1. 熟鹌鹑蛋对半切开，备用。
2. 砂锅中注入清水烧开，倒入牛奶，放入鹌鹑蛋，搅拌片刻。
3. 盖上锅盖，烧开后用小火煮约1分钟。揭开锅盖，加入少许白糖，搅匀，煮至溶化。
4. 盛出煮好的汤料，装入碗中，待稍微放凉即可食用。

葡萄干炒饭

原料： 火腿40克，洋葱20克，虾仁30克，米饭150克，葡萄干25克，鸡蛋1个，葱末少许

调料： 盐2克，食用油适量

Tips

幼儿食用洋葱有抵御流感病毒和清除体内有害细菌的作用。

做法：

1. 鸡蛋打入小碟子中，制成蛋液。

2. 洗净的洋葱切粒；洗好的火腿切粒；洗净的虾仁去除虾线，切肉丁。

3. 起油锅，倒入蛋液炒熟装盘待用。锅底留油，倒入洋葱粒、火腿粒、虾仁丁，炒匀。

4. 加入葡萄干、米饭、鸡蛋炒匀，加盐、葱末，炒香，盛出装盘即可。

补维生素食谱：
促进宝宝的机能代谢

维生素是一种营养素，它虽不供给能量，需要的量又极少，但却是维持人体正常生理功能不可或缺的重要物质。维生素一般来源于食物，比如维生素A、B族维生素、维生素C、叶酸等；只有维生素D和烟酸可在体内合成。

如何给孩子补充维生素

补充维生素的重要性

维生素A	维生素A是脂溶性物质，可以贮藏在体内。
维生素B_2	维生素B族对人体神经机能的调节作用不容忽视，B_2是幼儿成长的维生素，供应不足会造成宝宝发育不良。
维生素B_6	维生素B_6是合成核酸的重要营养素，它能降低人群慢性疾病的危险性。
维生素B_{12}	维生素B_{12}是制造红细胞的原料，与叶酸同时补充可以预防贫血。
维生素C	维生素C的主要作用有：胶原蛋白的合成，抗氧化剂，防癌，保护细胞、解毒，保护肝脏，提高人体的免疫力，提高机体的应急能力。
维生素D	婴幼儿生长发育很快，对维生素D的需求量相对较大。
维生素E	维生素E是一种具有抗氧化功能的维生素，对婴幼儿来说，维生素E对维持机体的免疫功能、预防疾病起着重要的作用。

富含有维生素的食物

维生素A	动物性食品，如鱼肝油、奶油、全脂奶酪、蛋黄等；植物性食品，如深绿叶蔬菜、黄色蔬菜、黄色水果等，菠菜、豌豆苗、青椒、胡萝卜、南瓜、杏等均含丰富的维生素A。
维生素B_2	维生素B_2主要来源于动物内脏、禽蛋类、奶类、豆类及绿叶蔬菜等。
维生素B_6	维生素B_6主要来源于小麦麸、麦芽、动物肝脏与肾脏、大豆、紫甘蓝、糙米、蛋、燕麦、花生、胡桃等。
维生素B_{12}	维生素B_{12}主要来源于动物肝脏、牛肉、猪肉、蛋、牛奶、奶酪等。
维生素C	富含维生素C的鲜果有猕猴桃、枣类、柚、橙、草莓、柿子、番石榴、山楂、龙眼、杧果、苹果、葡萄；蔬菜中雪里蕻、苋菜、青蒜、蒜苗、香椿、花椰菜、苦瓜、甜椒、荠菜等的维生素C含量比较多。
维生素D	天然的维生素D来自于动物和植物，如鱼肝油、鱼子、蛋黄、奶类、酵母、干菜等；人体皮下组织中，有一种胆固醇经日光中紫外线的直接照射后，也可以转变为维生素D。
维生素E	各种植物油（如玉米油、花生油、芝麻油等）、谷物胚芽、许多绿色植物、肉、奶油、奶、蛋等都是维生素E良好或较好的来源。
维生素A_1	维生素A_1多存在于鱼肉、鱼子、动物肝脏、蛋黄、奶油、黄油、干酪、肉类、奶、水果、坚果、蔬菜及谷类等食物中。此外，肠道内的大肠杆菌也能供给人体所需要的维生素A_1。

如意白菜卷

原料： 白菜叶100克，肉末200克，水发香菇10克，高汤100毫升，姜末、葱花各少许

调料： 盐2克，料酒、水淀粉各适量

Tips

大白菜对宝宝的肠道健康、视力发育和免疫力的提高都有很大帮助。

做法：

1. 香菇去蒂切丁。锅中注水烧开，倒入白菜叶，煮至熟软，捞出沥干。
2. 取一个碗，倒入肉末、香菇、姜末、葱花、盐、料酒、水淀粉，搅匀。
3. 白菜叶铺平，放适量肉末，卷成卷，放入盘中。
4. 蒸锅上火烧开，放入白菜卷，大火蒸20分钟至熟，将白菜卷取出，放凉待用。
5. 将放凉的白菜卷两端修齐，对半切开。
6. 炒锅中倒入高汤，加盐、水淀粉，搅匀，调成味汁，浇在白菜卷上即可。

青菜粥

原料：水发大米300克，油菜50克
调料：盐少许

做法：

1. 将油菜去除根部洗净，放入沸水锅中煮熟，捞出沥干，切成末。
2. 锅注水放大米，大火煮沸后转小火熬30分钟。
3. 加入盐及切碎的油菜末，转大火再煮5分钟即可。

海参煲鸡汤

原料：净瘦条鸡1只，火腿片50克，水发海参500克，胡萝卜350克，姜片、葱段各适量
调料：盐少许

做法：

1. 鸡放入沸水中煮10分钟，捞出沥干水分。
2. 洗净的胡萝卜去皮切片。
3. 沸水锅中放姜片、葱段，下入海参煮沸5分钟，捞出海参，洗净、切丁。
4. 锅中加水、鸡、火腿、胡萝卜、姜片煲2小时放海参丁，再煲1小时，加盐调味即可。

肉丁西蓝花

原料：猪瘦肉25克，西蓝花50克，葱末、姜末各适量

调料：食用油、水淀粉、盐各适量

做法：

1. 猪肉切丁，加水淀粉拌匀；西蓝花洗净，掰成小朵，用开水焯烫片刻。
2. 锅加油烧热，放肉丁，炸透捞出。
3. 锅底留少许油，加入葱末、姜末爆香，再放入肉丁、西蓝花翻炒，最后加入盐调味即可。

冬瓜绿豆粥

原料：冬瓜200克，水发绿豆60克，水发大米100克

调料：冰糖20克

做法：

1. 砂锅中注入适量清水烧开，倒入洗净的大米、绿豆，烧开后用小火煮约30分钟至熟。
2. 揭盖，放入切成丁的冬瓜，用小火续煮15分钟。
3. 揭开锅盖，加冰糖，煮至溶化即可。

补碳水化合物食谱：给宝宝储藏能量

碳水化合物能为宝宝提供身体正常运作的大部分能量，起到保持体温、促进新陈代谢、驱动肢体运动、维持大脑及神经系统正常的作用。特别是大脑的功能，完全靠血液中的碳水化合物氧化后产生的能量来支持。

如何给孩子补碳水化合物？

补碳水化合物的食物

宝宝在1岁以后，基本上是保持三餐两点的饮食规律，碳水化合物就不会过度缺乏，宝宝除了吃一些谷类食物（比如水稻、小麦、玉米、大麦、燕麦、高粱）以外，也可以在加餐时选择几块饼干或一些水果，以便及时为宝宝补充碳水化合物。

碳水化合物的主要食物来源有甘蔗、谷物（如水稻、小麦、玉米、大麦、燕麦、高粱等）、水果（如西瓜、香蕉、葡萄、草莓等）、坚果、蔬菜（如胡萝卜、番薯）等。

碳水化合物中还含有一种不被消化的纤维，有吸水和吸脂的作用，有助于宝宝大便畅通。

补充碳水化合物的注意事项

碳水化合物补充不宜过量，如果过量食用碳水化合物，会影响蛋白质与脂肪的摄入，导致宝宝身体虚胖和免疫力低下，容易患各种传染性疾病。另外，宝宝吃糖太多会损害牙齿，产生龋齿，甚至影响食欲，进而可能影响宝宝的生长发育。

南瓜枸杞燕麦豆浆

Tips
南瓜瓜瓤要刮除干净，
以减少成品杂质。

原料： 南瓜80克，枸杞15克，水
发黄豆45克，燕麦40克

调料： 冰糖适量

做法：

1. 南瓜去皮去瓤，切块；将已浸泡8小时的黄豆倒入碗中，放入燕麦，加水搓洗
   干净。

2. 将洗好的食材倒入滤网，沥干水分。

3. 把所有食材倒入豆浆机中。加冰糖，注水至水位线，盖上豆浆机机头，选择
   "五谷"程序，再选择"开始"键，开始打浆。

4. 打约20分钟，即成豆浆。将豆浆机断电，取下机头，把煮好的豆浆倒入滤网，
   滤取豆浆，倒入碗中，用汤匙捞去浮沫，待稍微放凉后即可饮用。

青菜米糊

原料： 青菜叶30克，米粉50克

做法：

1. 洗净的青菜叶切成丝，待用。
2. 米粉中加入少许温水，调和匀，倒入奶锅中。
3. 再注入少许清水，开大火煮开转小火续煮20分钟至浓稠。
4. 倒入备好的青菜丝，搅拌匀煮至熟，关火盛出即可。

草莓稀粥

原料： 大米50克，草莓30克

做法：

1. 洗净的草莓切成小粒，待用。
2. 将清洗干净的大米倒入锅中，注入适量的清水。
3. 盖上盖，大火煮开后转小火煮40分钟。
4. 揭盖，倒入草莓，搅匀，略煮片刻，装碗即可。

甜瓜米糊

原料： 甜瓜30克，米粉50克

做法：

1. 洗净的甜瓜切成小块，待用。
2. 米粉中加入少许温水，调和匀，倒入奶锅中。
3. 再注入少许清水，开大火煮开转小火续煮20分钟至浓稠。
4. 倒入甜瓜，搅拌匀煮至熟即可。

燕麦稀粥

原料： 大米50克，燕麦30克

做法：

1. 将清洗干净的大米倒入锅中，注入适量清水。
2. 盖上锅盖，大火煮开后转小火再煮40分钟。
3. 揭盖，倒入燕麦，搅拌均匀。
4. 再略煮片刻即可。

补蛋白质食谱：
增强宝宝的免疫力

蛋白质对人体的重要性不言而喻，它能维持人体的生命活动，人体的一切细胞组织和器官都是由蛋白质构成的。同时它也具有维持机体正常活动的功能，机体如果缺少它就会产生很多问题。

如何给孩子补充蛋白质？

补蛋白质的方法 - ●

①适量补充蛋白质

蛋白质的补充量要随着我们的年龄和体重的变化而增减。我们人体一千克的体重需要0.8克的蛋白质，所以根据这个比例来适量补充就足够了。并且我们应该提倡一个原则，那就是"蛋白质只能够用而不能过多"。可多吃一些谷类、蔬菜、水果、蛋类、肉类、鱼类，从中补充天然的蛋白质。但动物性食品含脂肪、胆固醇较高，尤其是猪肉等红肉，不可摄食过量。

豆类蛋白质的营养价值完全可以媲美动物蛋白，且不含胆固醇，是很好的蛋白质来源。另外对于儿童而言，豆类蛋白中丰富的赖氨酸尤其有助于儿童的生长发育。

②饮食要均衡

从合理利用食物中蛋白质的角度来说，每天要保证动植物蛋白质搭配合理，可充分发挥氨基酸的互补作用，获得足够优质的蛋白质，并提高蛋白质的吸收利用率。

③补充蛋白质粉

有条件的人也可以用蛋白粉来增加蛋白质的吸收。

青菜溜鱼片

食谱推荐

原料：青菜80克，大黄鱼肉180克，高汤适量

调料：盐、白糖、料酒、水淀粉、鸡粉、食用油、芝麻油各适量

Tips

鱼片切得薄一点，口感会更好，也更适合宝宝食用。

做法：

1. 青菜洗净切碎；鱼肉剔去骨头，片成鱼片。
2. 鱼片装入碗中，放入料酒、盐，拌匀。
3. 热锅注油烧热，放入鱼片烧至转色捞出。
4. 锅底留油，倒入青菜，翻炒，加高汤、盐、鸡粉、白糖，炒匀，放入鱼片，翻炒，淋入水淀粉，勾芡，淋芝麻油提香，装碗即可。

豆腐蛋花羹

原料： 豆腐150克，
鸡蛋1个，葱花、高汤
各适量

调料： 盐少许

Tips
豆腐制品的蛋白质含量
比大豆高，含有人体必
需的8种氨基酸。

做法：

1. 鸡蛋打散，豆腐捣碎，高汤煮开。
2. 豆腐下入高汤内小火煮熟，加适量盐进行调味。
3. 倒入蛋液，煮熟盛出，最后点缀葱花。

虾末鸡蛋汤

Tips
虾皮中含有丰富的蛋白质和矿物质，是给孩子补钙的理想食材。

原料：鸡蛋40克，虾仁15克，高汤适量

做法：

1. 洗净的虾仁挑去虾线，切成小粒。
2. 鸡蛋倒入碗中，搅匀打散。
3. 高汤倒入锅中，加热煮沸。
4. 再倒入蛋液，用筷子轻轻搅动呈蛋花。
5. 最后倒入虾仁，搅拌煮熟即可。

奶香藕粉

Tips
藕的营养价值很高，孩子
吃了还可以增强免疫力。

原料： 牛奶300毫升，藕粉20克

做法：

1. 把部分牛奶倒入藕粉中，拌匀，备用。
2. 锅置火上，倒入余下的牛奶。
3. 煮开后关火，待用。
4. 锅中倒入调好的藕粉，拌匀。
5. 再次开火，煮约2分钟，搅拌均匀至其呈糊状。
6. 关火后盛出煮好的糊，装入碗中即可。

Part 5

跟着四季做美食，宝宝吃得更健康

　　除了根据孩子的年龄特点，坚持平衡膳食、品种多样、搭配合理、摄入量合理、科学烹调、色香味形具有儿童特点的原则外，还应科学安排孩子四季饮食，确保机体动态平衡。根据四季气候变化，在给孩子安排食物搭配时必须掌握四季食物摄取后的效应，选择有助于增进机体健康的食品，让孩子茁壮成长。

四季饮食要点

儿童正处于生长发育的特殊阶段，因此，在饮食上也是家长们极为关注的重点。针对不同的季节，家长应该及时调整饮食方案，使孩子能够吸收更全面的营养素。

四季要注意的事情，家长们都注意到了吗？

季节	注意事项一	注意事项二	注意事项三
春季饮食	营养摄入均衡	天气干燥谨防上火	过敏宝宝慎选食物
夏季饮食	适当增加食物量	多给宝宝喝开水	要注意补盐
秋季饮食	冷饮、西瓜需慎食	饮食饮水防秋燥	秋季饮食防感冒
冬季饮食	合理摄取高蛋白、高脂肪食物	注意补充维生素	不可忽略的无机盐

春季食谱：多吃维 C 食物，不过敏、不感冒、长高个

春季风和日丽，万物复苏，是孩子生长最快的时候，应及时供给孩子富含钙质的食品和富含维生素的食品。

家长如何给宝宝"春补"

春天，天气由寒冷渐转暖和，大地回春，但仍会有寒流来袭，天气乍暖乍寒，温差变化大，所以这一季节也多发感冒、肺炎等呼吸道疾病。因此，要多选择一些具有理气化痰、清热润肺功效的食物，如胡萝卜、油菜等。

春天阳气升发，饮食上以清淡平和为宜，以平补、温补为原则。

此外，孩子冬季时出现口腔炎、口角炎、夜盲症和某些皮肤病，这些都是由于冬季新鲜蔬菜吃得少的缘故。因此，要多补充新鲜的绿色蔬菜、水果等多纤维质的食物，并且减少摄取高脂肪、高胆固醇及高热量的食物。

春季饮食宜忌

宜多食甜，少食酸

中医学认为，脾胃是后天之本、人体气血生化之源。脾胃之气健旺，人可益寿延年。甜味食物入脾，能补益脾气，故宜多食。因此，可给孩子吃一些富含优质蛋白质、糖分的食物，如瘦肉、禽蛋、大枣、新鲜蔬菜、水果等。

忌食刺激性的食物

春天气温由冷转暖，阳气上升，如果过多食用热性食物如羊肉，或食用高脂肪及刺激性强的辛辣、油腻食物，如辣椒、胡椒、姜、葱、蒜、肥肉等，容易损伤宝宝的脾胃。因此，要避免给宝宝吃热性、辛辣等食物。

推荐几种"春补"食物

海带	海带含碘多，碘有助于甲状腺激素的合成，而甲状腺激素有产热效应，故冬末春初让宝宝常吃海带有一定的御寒作用。
鸡肉	鸡肉是优质蛋白的最佳来源，是孩子理想的蛋白质食品。鸡汤中的特殊成分可促进体内的去甲肾上腺素的分泌，使坏情绪和疲倦感一扫而光。
油菜	油菜，特别是早春的油菜，性平温和，具有清热解毒的功效，可防治春天里易发生的口角炎、口腔溃疡及牙龈出血等疾病。
芹菜	春天里常吃芹菜，可增强宝宝骨骼的发育，预防小儿软骨病和便秘；把芹菜捣烂，加茶油调敷在腮腺处，对治疗流行性腮腺炎有辅助作用。
菠菜	菠菜中富含蛋白质、钙、铁、维生素及胡萝卜素等多种营养素。孩子吃了，可防治贫血、唇炎、舌炎、口腔溃疡、便秘。
荠菜	春天多给宝宝进食一些荠菜，不仅可补充营养，还可防治麻疹、流脑等春季传染病及呼吸道感染的疾病。
芝麻	孩子吃些芝麻，可预防佝偻病，还能促进骨骼、牙齿的发育。芝麻对调整某些孩子的偏食、厌食有积极的作用。
大枣	让宝宝在春季经常吃大枣，可以提高身体的免疫力，不仅对预防胃炎、胃溃疡有作用，而且还可以减少患流感等传染病的概率。
樱桃	樱桃营养丰富，其铁的含量尤为突出，具有补中益气、健脾开胃的功效。春食樱桃可发汗、益气、祛风及透疹，可让宝宝适量食用。

芦笋炒莲藕

食谱推荐

原料： 芦笋100克，莲藕160克，胡萝卜45克，蒜末、葱段各少许

调料： 盐2克，鸡粉2克，水淀粉3毫升，食用油适量

Tips

焯煮莲藕时，可放一些白醋，以免藕氧化变黑，影响食物美观。

做法：

1. 将洗净的芦笋去皮，切成段；洗净的莲藕、胡萝卜去皮切成丁。
2. 锅中注水烧开，放入芦笋、莲藕、胡萝卜，搅匀，煮1分钟，捞出，待用。
3. 用油起锅，放入蒜末、葱段，爆香，放入芦笋、藕丁和胡萝卜丁，翻炒均匀。
4. 加入适量盐、鸡粉，炒匀调味。
5. 倒入适量水淀粉，快速拌炒均匀，盛出即可。

浇汁莲藕

原料：莲藕120克，葱花少许

调料：盐2克，白糖5克，番茄酱25克，白醋、水淀粉、食用油各适量

Tips

孩子食用莲藕，既能补充所需的铁元素，又能改善食欲不振的状况。

做法：

1. 将去皮莲藕切成片，浸入清水中，待用。

2. 锅中注入适量清水，用大火烧开，淋上少许白醋，放入藕片，搅动几下，煮约1分钟至断生，捞出煮好的藕片，沥干水分，待用。

3. 用油起锅，注水，撒上白糖，加入盐，再放入适量番茄酱。

4. 快速搅拌匀，煮一会至白糖溶化，倒入水淀粉，搅拌匀，制成稠汁，再下入藕片，翻炒至入味，盛出，趁热撒上葱花即可。

韭菜炒核桃仁

Tips

核桃仁肉质较嫩，炸的时候油温不宜过高，以免将其炸煳了。

原料： 韭菜200克，核桃仁40克，彩椒30克

调料： 盐3克，食用油适量

做法：

 1.韭菜切段，彩椒切粗丝。核桃仁焯水，煮约半分钟，捞出沥干。

 2.用油起锅，烧至三成热，倒入核桃仁，炸至水分全干，捞出，沥干油。

 3.锅底留油烧热，倒入彩椒丝，大火爆香，放韭菜，加盐，炒匀调味。

 4.再放入核桃仁，炒至食材入味，装入盘中即可。

韭菜苦瓜汤

Tips

春天给孩子食用韭菜，
除了可以增强食欲，还
益于健康。

原料： 苦瓜150克，韭菜65克
调料： 食用油、盐各适量

做法：

1. 洗净的韭菜切碎，洗净的苦瓜切片。

2. 用油起锅，倒入苦瓜，翻炒至变色，倒入韭菜，快速翻炒出香味。

3. 注入适量清水，搅匀，用大火略煮一会儿，加盐至食材变软，关火
   后盛出即可。

芹菜叶蛋饼

Tips

孩子在春天适当吃些芹菜，可以促进生长发育。

原 料： 芹菜叶50克，鸡蛋2个

调 料： 盐2克，水淀粉、食用油各适量

做法：

1. 沸水锅放适量食用油、芹菜叶，煮半分钟，捞出切碎。

2. 鸡蛋打散，加入少许盐、水淀粉、芹菜末，搅匀。

3. 烧热煎锅，注入适量食用油，倒入蛋液煎成饼。

4. 转小火，翻转蛋饼，煎至其熟透呈焦黄色即可。

夏季食谱：
轻松消暑祛火

天气炎热，出汗较多，消化功能减弱，食欲不振，是儿童消耗体能最多的季节，孩子应多吃清淡消暑食品。同时为保证热量和蛋白质的摄入量，应多补充富含优质蛋白质的食物。

补充足够的蛋白质

幼儿宝宝正值身体发育的旺盛时期，每天需摄入大量的优质蛋白，才能满足其生长发育的需要。但当气温高于35℃时，大量出汗会使体内蛋白质的分解代谢加剧，导致宝宝身体蛋白质不足。鱼、蛋、奶和豆类等食物中的蛋白质比较丰富，可多食用。

注意补充水分、矿物质

孩子的新陈代谢旺盛，对水分的需求量相对比大人更多。在夏季可多给孩子准备一些绿豆粥、绿豆汤等清热解暑的食物，并注意适当增加盐的量。不仅补充孩子体内水分，还补充宝宝出汗时流失的钾、钠等矿物质，防止孩子出现厌食、乏力甚至中暑等现象。

注意补充维生素

夏季天气炎热，维生素的代谢增快，极易造成体内维生素含量的不足。因此，夏季要保证宝宝摄取到充足的维生素。新鲜蔬菜及各种时令水果含维生素C比较丰富，B族维生素在豆类、动物肝脏、瘦肉、蛋类中含量较多，可适量让宝宝多食。

膳食清淡、易消化

在烹调上宜采用汤、粥、羹、糕等形式，以利于脾胃消化和吸收。要注意让宝宝食有节制，防止伤及脾胃。还可给宝宝多准备一些五谷杂粮，如小米、玉米、黄豆等，对脾虚的宝宝很有帮助。

鲜奶绿豆糕

原料： 绿豆泥300克，牛奶100毫升，植物奶油150克，鱼胶粉50克

调料： 白糖70克

> **Tips**
>
> 夏天孩子出汗多，吃些绿豆能够清暑益气、止渴利尿。

做法：

1. 将清水倒入锅中烧开，改用小火，倒入白糖，加入鱼胶粉，搅匀，煮至溶化。

2. 盛出2/3白糖鱼胶水装入碗中，加入绿豆泥，搅拌，混合成浆。

3. 把浆倒入贴有保鲜膜的模具里，放入冰箱冷冻1小时，冻至成形。

4. 把剩余的白糖鱼胶倒入碗中，加入植物奶油、牛奶，搅匀，制成鲜奶浆。

5. 取绿豆糕，盛入鲜奶浆，放入冰箱冷冻1小时。

6. 将冻好的鲜奶绿豆糕取出，脱模，去保鲜膜。

7. 去掉边角料，切成小块，装入盘中即可。

苹果牛奶粥

Tips

牛奶富含孩子生长发育
所必需的全部营养素。

原料：水发大米150克，黄瓜70克，
苹果50克，胡萝卜30克，牛奶400毫升

做法：

1. 黄瓜洗净切成小块，去皮的胡萝卜、苹果切小块，备用。

2. 砂锅注入适量清水烧热，倒入苹果块。

3. 煮至水沸，倒入洗好的大米，搅拌匀，烧开后用小火煮约15分钟。

4. 倒入胡萝卜，搅拌均匀，中火续煮约20分钟至食材熟软。

5. 揭开锅盖，倒入黄瓜，略煮一会儿。

6. 倒入牛奶，搅拌均匀，转大火略煮片刻即可。

南瓜莲子荷叶粥

原料: 南瓜90克,水发莲子80克,水发大米40克,枸杞12克,干荷叶10克

调料: 冰糖40克

做法:

1.南瓜去皮,切小丁块;莲子去除莲心,备用。

2.锅中注水烧开,放干荷叶、莲子、大米、枸杞,拌匀,大火煮沸。

3.盖上盖,转小火煮约30分钟,至米粒变软,倒入南瓜丁、冰糖,拌匀。

4.小火续煮约10分钟,搅拌几下,装入汤碗中即可。

百合雪梨银耳羹

原料：银耳100克，百合25克，去皮雪梨1个，枸杞5克

调料：冰糖10克

Tips
银耳富含维生素D，能防止钙的流失，对宝宝的生长发育十分有益。

做法：

1.雪梨切小块；泡好的银耳根部去除，切小块。

2.电饭锅打开盖子，断电后放入银耳、雪梨、百合、枸杞、冰糖。

3.倒水，盖上盖，按下"功能"键，调至"甜品汤"状态，煮2小时。

4.按下"取消"键，打开盖子，搅拌一下，装碗即可。

秋季食谱：
润燥、防泻、贴"秋膘"

天气渐凉，多风干燥，饮食应多酸，以滋阴润肺为基本。家长可间断给孩子吃些秋梨、银耳、白萝卜、红枣、百合制成的具有润肺、祛燥、抗过敏的汤品。

营养均衡，食物丰富

秋季更应该注意饮食中食物的多样性，保持营养全面充足，这样才能补充夏季因气候炎热、食欲下降而导致的营养不足。秋季干燥，饮食应以甘淡滋润为主，可适当进食些性滋润、味甘淡的食品，如芝麻、核桃等，既能补脾胃，又能养肺润肠。

1

宝宝贴秋膘不宜光吃肉

贴"秋膘"应该是荤素搭配，体质瘦弱的孩子可适当补充肉类等动物性食物补益气血，滋补肺肾。也要注意孩子的蛋白质摄入，猪肉、牛肉等畜肉和鸡肉、鸭肉等禽肉，以及鱼肉和豆制品中均含有大量优质的蛋白质。当然不要忘记多食用蔬菜水果、谷类等食物。

2

秋季饮食宜忌

宜少辛增酸，秋季少吃一些辛味的食物，多吃一些酸味的水果和蔬菜；宜早上喝粥，夏秋交替时易湿热交蒸，宜吃些温食暖身。

忌过量吃柿子，多食会在胃内形成不能溶解的硬块，最好饭后适量食用；忌滥吃螃蟹，螃蟹性寒，脾胃虚寒者应尽量少吃。

3

推荐几种"润燥、防泻"食物

一些新鲜的瓜果蔬菜，如梨、甘蔗、石榴、柿、柑橘、马蹄、胡萝卜、冬瓜、藕、银耳以及豆类、豆制品、食用菌类、海带、紫菜等都是滋阴润燥的佳品。

4

排骨玉米莲藕汤

Tips

秋季天气干燥，多给孩子吃莲藕可以清热、润燥止渴。

原料： 排骨块300克，玉米100克，莲藕110克，胡萝卜90克，香菜、姜片、葱段各少许

调料： 盐2克，鸡粉2克，胡椒粉2克

做法：

1. 处理好的玉米、莲藕切成小块，去皮的胡萝卜切滚刀块。

2. 锅中注水大火烧开，倒入排骨块，氽去血水，捞出，沥干水分。

3. 锅中加清水、排骨块、莲藕、玉米、胡萝卜。

4. 再加入葱段、姜片，拌匀，煮至沸，转小火煮2个小时至食材熟透。

5. 揭开锅盖，加入盐、鸡粉、胡椒粉，搅拌调味。

6. 关火，盛出装入碗中，放上香菜即可。

木瓜银耳汤

Tips

进入秋季，给孩子吃些银耳，可以消痰降火。

原料： 木瓜200克，枸杞30克，水
发莲子65克，水发银耳95克

调料： 冰糖40克

做法：

1. 洗净的木瓜切块，倒入烧开水的砂锅中。

2. 放入洗净泡好的银耳、莲子，大火煮开后转小火续煮30分钟至食材
   熟软。

3. 揭盖，倒入枸杞、冰糖，搅拌均匀。

4. 加盖，续煮10分钟至食材熟软入味。关火后盛出煮好的甜品汤，装
   碗即可。

梨藕粥

原料： 水发大米150克，雪梨100克，莲藕95克，水发薏米80克

做法：

1. 莲藕去皮切丁；雪梨去皮、去核，切小块，备用。
2. 砂锅中注水烧开，倒入大米、薏米，搅匀，煮沸后转小火煮约30分钟。
3. 揭盖，倒入莲藕、雪梨，搅拌匀小火续煮约15分钟。
4. 关火后盛出煮好的梨藕粥。

冰糖黑木耳汤

原料： 水发黑木耳80克

调料： 冰糖20克

做法：

1. 取电饭锅，注入适量清水，至水位线1，加入木耳、冰糖，选择"蒸煮"功能，蒸煮45分钟。
2. 按"取消"键断电，搅拌片刻至入味即可。

冰糖梨子炖银耳

原料： 水发银耳150克，去皮雪梨半
个，红枣5枚

调料： 冰糖8克

做法：

1. 银耳去根切小块，雪梨切小块。
2. 取电饭锅，倒入银耳、雪梨、红枣、
   冰糖，加入适量清水，盖上盖子。
3. 调至"甜品汤"状态，煮2小时至食材
   熟软，开锅后搅拌一下即可。

红薯莲子银耳汤

原料： 红薯130克，水发莲子150克，
水发银耳200克

调料： 白糖适量

做法：

1. 银耳去根部，撕成小朵；红薯切丁。
2. 锅中注水烧开，倒入莲子、银耳，小
   火煮约30分钟。
3. 倒入红薯丁，小火续煮约15分钟至食
   材熟透。揭盖，加入少许白糖，煮至
   溶化即可。

冬季食谱：
提高免疫，不咳嗽、不发热

天气寒冷，冬日养生要领在于避寒保温，孩子要储存热量抵抗寒冷，又要提供身体生长的需要，多给孩子适量的甜食，使幼儿获得足够的热量。

冬季孩子饮食如何调理

在寒冷的冬天里，要注意为宝宝的身体补充热源，富含糖类、脂肪、蛋白质的食物对宝宝的身体有保暖作用。特别是富含蛋白质的食物，如瘦肉、鸡肉、鸭肉、鸡蛋、鱼类、牛奶、豆制品等效果更好，也有利于宝宝的消化吸收，能够增强宝宝的抵抗力。此外，寒冷也会影响人体的泌尿系统，排尿增多，随尿排出的钠、钾、钙等无机盐也较多。因此，应多吃含钾、钠、钙等无机盐的食物，如芝麻、虾米、猪肝、乳制品、胡萝卜、土豆、藕、叶类蔬菜等。

冬季饮食宜忌

宜适当吃薯类食物

当冬天绿叶蔬菜相对减少时，可适当吃些红薯、土豆等，多吃薯类既补充维生素，还清内热、去瘟毒。

宜适当摄取时令蔬菜

冬季蔬菜中大白菜、红白萝卜、黄豆芽等都含有丰富的维生素，合理搭配可避免发生维生素A、维生素B_2、维生素C缺乏症。

忌摄取性寒凉的食物

冬天天气寒冷，不宜进食性属寒凉的食物，如螃蟹、田螺、绿豆、绿豆芽、菜花、生藕、生冷瓜果、柿子、金银花等。

忌过多食用橘子

橘子是含热量比较高的水果，一次食用过多，不论大人还是孩子，都会导致上火，出现口干舌燥、咽喉肿痛等症状。

白菜肉卷

食谱推荐

原 料： 白菜叶75克，鸡蛋1个，肉末85克，面粉适量

调 料： 盐1克，鸡粉2克，生抽2毫升，芝麻油适量

Tips

尽量选择叶子大的白菜，这样更容易卷成卷。

做法：

1. 将肉末、鸡粉、盐、生抽、打散的蛋液拌匀，撒上适量面粉、少许芝麻油，快速搅拌至起劲，制成馅料。
2. 白菜叶放入沸水锅中煮软，捞出，沥干水分，放入适量馅料，包成白菜卷生坯。
3. 蒸锅上火烧开，放入蒸盘，用中火蒸约10分钟即可。

玉米胡萝卜鸡肉汤

原料： 鸡肉块350克，玉米块170克，胡萝卜120克，姜片少许

调料： 盐、鸡粉各2克，料酒适量

Tips

在冬季来临时，孩子吃一些鸡肉，可以帮助驱寒。

做法：

1. 洗净的胡萝卜切小块，备用。

2. 锅中注入适量清水烧开，倒入洗净的鸡肉块，加料酒拌匀，大火煮沸，汆去血水，撇去浮沫，捞出，沥干水分，待用。

3. 锅中注水烧开，倒入汆过水的鸡肉，放入胡萝卜、玉米块。

4. 撒入姜片，淋入料酒，拌匀，盖上盖，烧开后用小火煮约1小时至食材熟透。

5. 揭盖，放入适量盐、鸡粉，拌匀盛出即可。

板栗牛肉粥

原料： 水发大米120克，板栗肉70克，牛肉片60克

调料： 盐2克，鸡粉少许

做法：

1. 砂锅注水烧开，放入大米，煮开后用小火煮约15分钟，再倒入板栗，加盖。
2. 中小火煮约20分钟至板栗熟软，倒入备好的牛肉片，拌匀。
3. 加入少许盐、鸡粉，用大火略煮，至肉片熟透即可。

胡萝卜粳米粥

原料： 水发粳米100克，胡萝卜丁80克，葱花少许

调料： 盐、鸡粉各2克

做法：

1. 锅中注水烧开，倒入胡萝卜丁、粳米，搅拌匀。
2. 盖上盖，烧开后用小火煮约35分钟，至食材熟透。
3. 揭盖，加入少许鸡粉、盐，搅匀，撒上葱花即可。

鲑鱼香蕉粥

Tips

鲑鱼中所含的营养成分有助于儿童大脑和身体的发育生长。

原料：鲑鱼60克，去皮香蕉60克，水发大米100克

做法：

1. 香蕉切丁，洗净的鲑鱼切成丁。
2. 取出榨汁机，将泡好的大米放入干磨杯中，磨约1分钟至大米粉碎，取下磨杯，将米碎倒入盘中，待用。
3. 砂锅置火上，注入适量清水，倒入米碎，搅拌均匀。
4. 加盖，用大火煮开后转小火续煮30分钟。
5. 揭盖，放入切好的香蕉丁，倒入鲑鱼丁，搅匀，煮约3分钟，盛出即可。

Part 6

宝宝常见病
饮食调养

　　孩子的一举一动都牵挂着妈妈的心，最怕孩子有个头疼脑热的毛病。家长想在孩子有病的时候及早地发现，好及时治疗。那么孩子在生病前都有哪些变化呢？当孩子表现出哪种状态时是有可能生病了呢？家长平时要对孩子"察言观色"，观察有无异常症状，出现异常症状时好及时采取措施对症治疗。

感冒

80%~90%的感冒是由病毒引起的，能引起感冒的病毒有200多种；另外10%~20%的感冒是由细菌所引起的。1岁以内的婴儿由于免疫系统尚未发育成熟，所以更容易患感冒。6个月内的宝宝，由于还不会在鼻子完全堵塞的情况下进行呼吸，所以常常会出现吃奶和呼吸困难。

症状表现

一般局部表现为鼻塞、流涕、打喷嚏、干咳、咽部不适等症状，多在3~4天内自然痊愈，全身症状多为发热、烦躁不安、头痛、全身不适、乏力等。婴幼儿起病急，多以全身症状为主，伴有发热；年长儿则以局部症状为主，伴有轻度发热。

发病原因

小儿的抵抗力较弱，各种病毒和细菌都可能引起感冒，90%以上的病因来自于病毒，病毒感染后继发细菌感染。婴幼儿时期由于上呼吸道的解剖生理和免疫特点而易患感冒，由于护理不当或气候改变及环境不良等因素，则易发生反复上呼吸道感染或使病程迁延。

饮食指导

小儿感冒期间，新陈代谢大大加快，所消耗的营养物质和水也会大大增加，但消化能力却在减弱，肠胃蠕动的速度也减缓许多。这种情况下，小儿多有食欲不振、消化不良等症状，要给予充足的水分，在补水的同时还能稀释血液中的毒素，加快代谢物的排泄；也要补充大量无机盐和维生素，对病情有一定的抑制作用；还要有适量热能和蛋白质供应，少食多餐，以流质和半流质为主，比如牛奶、米汤、米糊、绿豆汤等。在此期间不要给患儿尝试新的食物，以免造成腹泻或其他症状。

糖醋藕片

食谱推荐

原料：莲藕350克，葱花少许

调料：白糖20克，盐2克，白醋5毫升，番茄汁10毫升，水淀粉4毫升，食用油适量

Tips

这道菜酸酸甜甜，可以帮助宝宝恢复食欲。

做法：

1. 将洗净去皮的莲藕切成片。
2. 锅中注水烧开，倒入适量白醋。
3. 放入藕片，焯煮2分钟至其八成熟，捞出，备用。
4. 用油起锅，注入少许清水。
5. 放入白糖、盐、白醋。
6. 再加入番茄汁，拌匀，煮至白糖溶化。
7. 倒入适量水淀粉勾芡。
8. 放入焯好的藕片，拌炒匀。
9. 将炒好的藕片盛出，撒上葱花即可。

金银花白菊萝卜汤

原料： 金银花10克，菊花8克，白萝卜200克

调料： 盐、食用油各适量

做法：

1. 去皮的白萝卜切片。
2. 锅中注水烧开，倒入金银花、菊花、白萝卜片，搅匀，小火煮15分钟。
3. 揭开盖，放入少许盐，搅拌均匀，至食材入味，淋入食用油，略搅片刻。
4. 关火后盛出装入碗中，放凉后即可。

葱白炖姜汤

原料： 姜片10克，葱白20克

调料： 红糖少许

做法：

1. 砂锅中注入适量清水烧热。
2. 倒入备好的姜片、葱白，拌匀。
3. 加盖，烧开后用小火煮约20分钟至熟。
4. 揭盖，放入红糖，搅拌匀。
5. 关火后盛出煮好的姜汤即可。

猪肉干贝粥

原料：猪肉20克，干贝8克，大米50克，葱末适量

调料：盐适量

做法：

1. 猪肉洗净，剁泥；干贝用清水泡发。

2. 锅中注入适量清水烧沸，倒入洗净的大米。

3. 加盖，大火煮沸后转小火煮30分钟。

4. 加入猪肉、干贝，搅拌均匀，用小火续煮10分钟。

5. 加入盐，搅拌均匀，煮至食材入味。

6. 关火盛出后撒上适量葱末即可。

发热

在多数情况下，发热是身体对抗入侵病原的一种保护性反应，是人体正在发动免疫系统抵抗感染的一个过程。体温的异常升高与疾病的严重程度不一定成正比，但发热过高或长期发热可能会影响机体各种调节功能。

症状表现

小儿发热是指体温在39.1~41℃，发热时间超过两周为长期发热。小儿正常体温常以肛温36.5~37.5℃、腋温36~37℃衡量。若腋温超过37.4℃，且一日间体温波动超过1℃以上，可认为是发热。

发病原因

人体发热的原因有很多，受年龄、地域、季节等因素的影响。儿童特别是婴幼儿的体温调节机能不发达，易受环境影响，且变化较为激烈。当儿童身体受到细菌、病毒或异物侵入影响，导致脑下视丘的体温调节中枢机能失去平衡时，就容易发热。

饮食指导

发热期间，因为身体新陈代谢加快，水分会大量流失，在此期间只能进食流食，如米粥、米汤、绿豆汤、水果汁等，把体内的热散出；在此期间，严格督促宝宝喝水，以免出现脱水的情况；饮食要以清淡为主，禁止辛辣重油；要补充大量的无机盐和维生素，多吃新鲜的水果蔬菜，少吃鱼虾及牛羊肉等发热食品。因为宝宝发热期间胃口不好，家长忌强迫孩子进食或吃高营养食物，这样反而会倒胃口，使病情加重。应该保持一个轻松愉悦的用餐环境，避免引起宝宝的抵触情绪。

芦笋马蹄藕粉汤

Tips

藕粉的黏性能保护肠胃，减少腹泻对宝宝肠胃带来的伤害。

原料： 马蹄肉50克，芦笋40克，藕粉30克

做法：

1. 将洗净去皮的芦笋切丁。
2. 洗好的马蹄肉切开，改切成小块。
3. 把藕粉装入碗中，倒入适量温开水，调匀，制成藕粉糊，待用。
4. 砂锅中注入适量清水烧热，倒入切好的食材，拌匀。
5. 用大火煮约3分钟，至汤汁沸腾。
6. 再倒入调好的藕粉糊，拌匀，至其溶入汤汁中。

芦根粥

原料： 水发大米160克，芦根少许

调料： 冰糖适量

做法：

1. 砂锅中注水烧热，倒入洗净的芦根。
2. 盖上盖，大火烧开后用小火煮约20分钟，至其析出有效成分。
3. 揭盖，捞出药材，倒入大米，搅散。
4. 再盖上盖，用中小火续煮约35分钟。
5. 揭盖，搅拌几下，关火后盛出装在小碗中，稍稍冷却后加入冰糖食用即可。

芡实银耳汤

原料： 水发银耳200克，水发芡实60克，红枣30克，糖桂花10克

调料： 冰糖25克

做法：

1. 砂锅中注入适量清水烧热，倒入备好的芡实、红枣、银耳、糖桂花。
2. 盖上锅盖，煮开后用小火煮30分钟至食材熟透。
3. 揭开锅盖，加入适量冰糖，拌匀，煮至冰糖溶化。
4. 关火后盛出煮好的甜汤即可。

山药米糊

原料： 水发大米150克，山药80克，鲜百合20克，水发莲子20克

做法：

1. 取豆浆机，摘下机头，倒入大米、莲子、百合、山药块，注水至水位线。
2. 盖上机头，按"选择"键，选择"米糊"选项，按"启动"键开始运转。
3. 待豆浆机运转约20分钟，即成米糊。
4. 将豆浆机断电，取下机头，将煮好的米糊倒入碗中。

苦瓜花甲汤

原料： 花甲250克，苦瓜片300克，姜片、葱段各少许

调料： 盐、鸡粉、胡椒粉各2克，食用油少许

做法：

1. 热锅注油，放入姜片、葱段，爆香。
2. 倒入洗净的花甲，翻炒均匀。
3. 锅中加水，搅匀，煮约2分钟至沸腾。
4. 倒入洗净切好的苦瓜，煮约3分钟。
5. 加入鸡粉、盐、胡椒粉，拌匀调味。
6. 盛出煮好的汤料，装入碗中即可。

咳嗽

咳嗽是一种防御性反射运动，可以阻止异物吸入，防止支气管分泌物的积聚，清除分泌物，避免呼吸道继发感染。任何病因引起呼吸道急、慢性炎症均可引起咳嗽。根据病程长短可分为急性咳嗽、亚急性咳嗽和慢性咳嗽。

症状表现

多为一声声刺激性咳嗽，好似咽喉瘙痒，无痰；不分白天黑夜，不伴随气喘或急促的呼吸。宝宝嗜睡，流鼻涕，有时可伴随发热，体温不超过38℃；精神差，食欲不振，出汗退热后症状会消失，咳嗽仍持续3~5日。

发病原因

小儿咳嗽的诱因很多，常见的有：呼吸道感染，由病原微生物如百日咳杆菌、结核杆菌、呼吸道合胞病毒、肺炎支原体等引起的慢性咳嗽；各种鼻炎、鼻窦炎、慢性咽炎、慢性扁桃体炎等上呼吸道疾病，也有可能引起慢性咳嗽等。

饮食指导

宝宝咳嗽时，应合理饮水，少量多次，使得黏稠的分泌物被稀释而咳出，同时也能改善血液循环，加快机体代谢产生的废物或毒素排出；饮食上以清淡为主，避免生冷油腻，多吃新鲜蔬菜，少吃肉或禽蛋类食品，禁食酸味食品。宝宝咳嗽应以食疗为主，祛痰为宜，慎用止咳药等，避免因此引起的呼吸道堵塞而导致肺部感染。

芹菜苹果汁

原料：苹果100克，
芹菜90克

调料：白糖7克

Tips

给小孩食用的芹菜可先
用开水氽煮片刻，更易
消化。

做法：

1.洗净的芹菜切粒
状，洗净的苹果去
核切小块。

2.取榨汁机，倒入切
好的食材，注水，选
择"榨汁"功能。

3.榨一会儿，加入少
许白糖，再次选择
"榨汁"功能搅拌
至糖分溶化。

4.断电后倒出蔬果
汁，装入碗中即可。

雪梨枇杷汁

原料： 雪梨300克，枇杷60克

做法：

1. 洗净的枇杷切去头尾，去皮，把果肉切开，去核，将果肉切成小块。
2. 洗好去皮的雪梨切开，切成小瓣，去核，把果肉切成小块，备用。
3. 取榨汁机，倒入切好的雪梨、枇杷。
4. 注入适量矿泉水，加盖，榨取果汁。
5. 断电后倒出果汁，装入杯中即可。

罗汉果银耳炖雪梨

原料： 罗汉果35克，雪梨200克，枸杞10克，银耳120克

调料： 冰糖20克

做法：

1. 洗好的银耳切小块，备用。
2. 洗净的雪梨去核，去皮，再切成丁。
3. 锅中注水烧开，放入枸杞、罗汉果。
4. 倒入雪梨，放入银耳，烧开后用小火炖20分钟，至食材熟透后放入冰糖。
5. 拌匀，略煮片刻，至冰糖溶化。

薏米绿豆百合粥

原料： 水发绿豆160克，水发薏米80克，鲜百合45克

调料： 冰糖适量

做法：

1. 砂锅中注水烧热，倒入绿豆、薏米。
2. 烧开后用小火煮约40分钟。
3. 揭开盖，倒入百合，拌匀，用中火煮至熟软。加入冰糖，煮至冰糖溶化。
4. 关火后盛出煮好的粥即可。

绿豆雪梨粥

原料： 绿豆100克，大米120克，雪梨100克

调料： 冰糖适量

做法：

1. 雪梨去皮切开，去核，切丁，备用。
2. 锅中注水烧开，放入绿豆、大米，搅拌匀，烧开后用小火煮30分钟。
3. 盖上盖，倒入雪梨，加入冰糖，煮至溶化。搅拌片刻，使食材味道均匀。
4. 关火后将粥装入碗中即可。

上火

宝宝体质与成人不同，上火和消化不好容易引起排便困难。吃奶粉的宝宝出现大便干燥的情况时，应及时调整为不含棕榈油的部分水解蛋白配方奶粉，预防和改善宝宝上火。同时也可以从饮食入手，多进食易消化吸收、富含维生素的新鲜蔬菜和水果。

症状表现

上火容易出现以下症状：口角溃烂、口舌生疮；鹅口疮，在口唇、舌及颊黏膜出现大小不等的泡疮，溃烂后有黄白纤维素分泌物覆盖；上呼吸道感染，导致发热、打喷嚏、鼻塞等症状；鼻出血；急性喉炎；大便干、小便黄等。

发病原因

宝宝体质偏热，容易出现"阳火旺盛"现象，这是内因导致的上火，宝宝的肠胃处于发育状态，过剩营养难以消化、饮食搭配不合理等都会引起上火；外因方面，天气炎热潮湿、水质偏热也是诱发的主要原因。另外，奶粉喂养也可能导致宝宝消化不适，引起上火。

饮食指导

在饮食上，宜选择富含纤维素的新鲜蔬菜和水果，如莲藕、萝卜、茴香、苦瓜、柚子、梨、山竹等；宜补充优质蛋白，如鸡蛋、瘦肉、鱼、豆类等。烹饪方法上应以清淡为主，可准备白粥、绿豆汤、荷叶粥等下火食品。如果因为上火而导致食欲不振，则可以食用山楂糕、山药等健脾开胃、消食化积的食品。饮食上不可"进补"，少辛辣、多食酸；控制零食的摄取，零食大部分是高油高糖食品，容易引起上火。

肉馅苦瓜

Tips

这道菜清凉去火，对于上火的宝宝来说是非常好的降火菜。

原料： 苦瓜100克，猪肉馅、鸡蛋各50克，面粉适量
调料： 食用油、水淀粉、盐、生抽各适量

做法：

1. 洗净的苦瓜切段，掏去瓤，焯水煮软后捞出。

2. 将鸡蛋磕入肉馅中，加入面粉、水淀粉、盐，搅匀，逐一填入苦瓜内，两头涂上水淀粉。

3. 热锅注油烧热，倒入苦瓜，炸至淡黄色，捞出。竖着逐一摆盘，淋上生抽，放入蒸锅，用大火，蒸8分钟后将其取出。

4. 将盘内苦瓜汁倒入锅中，加水淀粉、盐翻炒勾芡，淋在苦瓜上。

凉薯汁

原料： 凉薯300克

调料： 蜂蜜10克

做法：

1. 洗净去皮的凉薯切块，再切条，改切成丁。
2. 倒入榨汁机中，加适量矿泉水，榨取凉薯汁。
3. 揭开盖子，加入蜂蜜，用勺子搅匀。
4. 将榨好的凉薯汁倒入杯中即可。

雪梨百合粥

原料： 糯米100克，鲜百合5克，雪梨120克

调料： 冰糖适量

做法：

1. 糯米淘洗干净，百合洗净，备用。
2. 梨洗净，切成小丁。
3. 锅中加水，放入梨和百合，加盖开始煮，煮开后把糯米倒进去。
4. 用勺子搅拌一下，防止糯米粘锅，煮开后转小火煮15分钟，放入冰糖，再煮5分钟即可。

丝瓜蛤蜊豆腐汤

Tips

丝瓜属良性食材，常吃可以去火润燥，非常适合上火的宝宝食用。

原料：蛤蜊400克，豆腐150克，丝瓜100克，姜片、葱花少许

调料：盐2克，食用油适量

做法：

 1.丝瓜、豆腐切小块；蛤蜊切开，去除内脏，洗净。

 2.锅中注水烧开，加油、盐，撒入姜片，倒入豆腐块、蛤蜊，煮4分钟。

 3.倒入丝瓜块，搅匀，再煮约2分钟，煮至食材熟透、汤汁入味。

 4.关火后盛出，装入汤碗中，撒上葱花即可。

腹泻

宝宝腹泻又叫拉肚子，属最常见的多发性疾病之一，多发于6个月~2岁的宝宝，主要表现为宝宝频繁地排泄不成形的稀便。腹泻如果不及时医治，后果将很严重，会导致宝宝营养不良反复感染，从而影响宝宝的生长发育。

症状表现

主要表现为排便次数明显增多、粪便稀薄，或伴有发热、呕吐、腹痛等症状及不同程度的水电解质、酸碱平衡紊乱。轻微的腹泻，患儿精神较好，无发热的症状；较严重的腹泻大多伴有发热、烦躁不安、精神萎靡、嗜睡等症状。

发病原因

小儿腹泻的感染因素有两类：一类为肠道内感染，可由病毒、细菌、真菌、寄生虫引起，前两者多见，尤其是病毒；另一类为肠道外感染，由消化系统紊乱或者使用抗生素而引起。有时饮食护理不当、过敏性腹泻，或气候原因等非感染因素，也可能引起腹泻。

饮食指导

儿童腹泻可以食用一些有吸附和收敛作用的食物，如苹果、胡萝卜等；葡萄、山楂、乌梅等能抗菌杀毒；多吃富含维生素的食物，以补充宝宝在腹泻期间的营养流失，如绿叶蔬菜、米汤等。腹泻期间忌脂类含量高的油腻食物，如肥肉、动物肝脏、蛋类等；同时也忌食纤维素含量高、生冷的蔬果，如菠萝、柠檬、柑橘、白菜等。

苹果糊

Tips

削苹果之前用盐搓一下再洗掉，可防止果肉氧化。也可用盐水泡后再榨汁。

原料： 水发糯米130克，苹果80克

做法：

1. 将苹果洗净去皮去核，切成小块；将糯米煮成粥后盛出。
2. 糯米粥放凉后倒入苹果块，搅匀，倒入榨汁机中榨成苹果糊。
3. 奶锅置于旺火上，倒入苹果糊，边煮边搅拌。
4. 待苹果糊沸腾，盛入碗中即可。

西芹丝瓜胡萝卜汤

原料： 丝瓜、胡萝卜各70克，西芹50克，瘦肉45克，冬瓜120克，香菇55克

调料： 料酒、盐、芝麻油各适量

做法：

1. 冬瓜、胡萝卜、香菇切小块，丝瓜切滚刀块，西芹斜刀切段，瘦肉切丁。
2. 锅中注水烧开，倒入瘦肉丁、料酒，汆煮去除血渍，捞出沥干。
3. 锅中注水烧开，倒入瘦肉丁、香菇、胡萝卜、冬瓜、西芹。
4. 淋入料酒煮4分钟，放入丝瓜，加入盐，淋入芝麻油拌匀，即可。

栗子奶糊

原料： 板栗100克，牛奶150毫升

做法：

1. 板栗去壳去皮，倒入榨汁机中，将其打成汁。
2. 将栗子汁倒入奶锅中，再倒入牛奶。
3. 开小火加热至浓稠，倒入碗中即可。

丝瓜瘦肉粥

Tips

食用比较好消化、半流质的食物，不会给宝宝的肠胃造成负担。

原料：丝瓜45克，瘦肉60克，水发大米100克

调料：盐2克

做法：

1. 丝瓜去皮切粒；瘦肉切片，再剁成肉末。

2. 锅中注水，用大火烧热。倒入水发好的大米，拌匀，用小火煮30分钟至大米熟烂。

3. 揭盖，倒入肉末，拌匀，放入切好的丝瓜，拌匀煮沸。

4. 加入适量盐，用锅勺拌匀调味，煮沸。

5. 将煮好的粥盛出，装入碗中即可。

便秘

婴儿便秘是一种常见病症，其原因有很多，消化不良是婴儿便秘常见原因之一，一般通过饮食调理可以改善。伴随症状有大便干硬、隔时较久、排便困难等。

症状表现

一般包含四个方面：每周排便次数少于3次，严重者可2~4周排便一次；排便时间长，严重者每次排便长达半小时以上；大便形状发生改变，粪便干结；排便困难或费力，有排便不尽感。

发病原因

小儿便秘的诱发原因可能有以下几种：饮食不足可能导致小儿消化后液体吸收余渣少，导致大便减少、变稠；食物成分不当，如碳水化合物不足，导致肠道菌群继发改变，造成大便干燥；生活不规律或者缺乏按时大便的训练，未形成排便条件反射；体格与生理异常导致便秘；环境和生活习惯突然改变等。

饮食指导

进食过少或食品过于精细、缺乏残渣，对结肠运动的刺激就会减少，易引起便秘。应增加蔬菜和水果及富含纤维素食物的摄入，补充缺乏的营养。补铁勿过量，否则也会导致便秘。补充铁剂时，应该摄取多种维生素，促进吸收。

红薯芝麻豆浆

Tips

红薯帮助肠道消化，是改善便秘的好食材。

原料：黄豆60克，红薯丁40克，黑芝麻30克

调料：白糖适量

做法：

1. 将泡发好的黄豆倒入碗中，加入适量清水，用手搓洗干净。
2. 将洗好的黄豆倒入滤网，沥干水分。
3. 取豆浆机，倒入洗净的黄豆、黑芝麻、红薯丁，注水至水位线即可。
4. 盖上豆浆机机头，选择"五谷"程序，再选择"开始"键，开始打浆。
5. 待豆浆机运转约15分钟，即成豆浆。
6. 将豆浆机断电，取下机头，把豆浆倒入滤网，用汤匙搅拌，滤取豆浆。
7. 加入少许白糖，搅拌均匀至其溶化，待稍微放凉后即可饮用。

狝猴桃苹果泥

原料：苹果165克，狝猴桃75克

做法：

1. 苹果去皮去核，切成小块。
2. 狝猴桃去皮、硬心，切丁，备用。
3. 取榨汁机，选择搅拌刀座组合，倒入切好的苹果、狝猴桃。
4. 注入适量纯净水，盖上盖。
5. 选择"榨汁"功能，榨取水果汁。
6. 断电后倒出水果汁，装入杯中即可。

冰糖芝麻糊

原料：黑芝麻30克，糯米、粳米各50克

调料：冰糖20克

做法：

1. 锅中倒入黑芝麻，翻炒至熟，装盘。
2. 取榨汁机，选择干磨刀座组合，将黑芝麻、糯米、粳米倒入搅拌杯中。
3. 选择"干磨"功能，把食材磨成粉，装入碗中，待用。
4. 锅中注水烧开，倒入冰糖和碗中的食材，搅拌匀煮至熟即可。

葛根粉核桃芝麻糊

原料：黑芝麻40克，核桃仁45克，葛根粉20克

调料：白糖适量

做法：

1. 炒锅烧热，倒入黑芝麻、核桃仁，用中火炒干水分，倒入干磨杯，磨成细粉，装盘，加水调匀。
2. 锅中注水烧开，倒入磨好的芝麻核桃粉，加白糖，拌匀，煮至白糖溶化。
3. 倒入调好的葛根粉，搅拌均匀，煮至糊状，关火后盛出碗中即可。

糙米饭

原料：水发大米120克，水发糙米150克

做法：

1. 砂锅中注入适量清水烧热。
2. 倒入洗净的糙米、大米，搅散。
3. 盖上盖，烧开后转小火煮约50分钟，至米粒熟透。
4. 关火后揭盖，盛出煮熟的糙米饭，装在碗中，稍微冷却后即可食用。

湿疹

湿疹是一种变态反应性皮肤病，就是平常所说的过敏性皮肤病。主要病因是对食入物、吸入物或接触物不耐受或过敏所致。患有湿疹的孩子起初皮肤发红、出现皮疹，继之皮肤发糙、脱屑，抚摸孩子的皮肤如同触摸在砂纸上一样。遇热、遇湿都可使湿疹表现显著。

症状表现

急性湿疹皮损初为多数密集的粟粒大小的丘疹、丘疱疹或小水疱，基底潮红，逐渐融合成片，由于搔抓，丘疹、丘疱疹或水疱顶端抓破后呈明显的点状渗出及小糜烂面，边缘不清。急性湿疹炎症减轻后，皮损以小丘疹、结痂和鳞屑为主，仅见少量丘疱疹及糜烂，此时仍有剧烈瘙痒。慢性湿疹表现为患处皮肤增厚、浸润，棕红色或色素沉着，表面粗糙，覆鳞屑，或因抓破而结痂。

发病原因

发病原因常为内外因相互作用。内因导致如消化系统疾病、失眠、情绪变化、内分泌失调、感染、新陈代谢障碍等；外因诱发如日光、寒冷、干燥、炎热以及各种动物皮毛、植物、肥皂、人造纤维等，都可能引起湿疹。

饮食指导

幼儿患病后，在饮食上应多选用清热利湿的食物，如绿豆、赤小豆、苋菜、冬瓜等。为了保持正常的消化吸收能力，食物多以清淡为主，并且要多吃富含维生素和矿物质的食物，如芹菜、西红柿、胡萝卜等。如果幼儿之前有食物过敏史，在患病期间应彻底忌食，并且忌辛辣、刺激食物及发湿、动气、动血性食物，如竹笋、芋头、牛肉、慈姑、羊肉等。

马齿苋绿豆汤

原料： 马齿苋90克，水发绿豆70克，水发薏米70克

调料： 盐2克，食用油2毫升

Tips

薏米与绿豆均有凉血祛湿的功效，对于长湿疹的宝宝有祛湿功效。

做法：

1. 将洗净的马齿苋切成段。

2. 砂锅中注水，用大火烧开，倒入泡好的薏米、绿豆，搅拌匀。

3. 盖上盖，烧开后用小火炖煮30分钟，至食材熟软。

4. 揭盖，放入马齿苋，搅匀，用小火煮10分钟，至食材熟透。

5. 揭盖，放入适量食用油、盐，拌匀调味。

6. 把煮好的汤料盛出，装入碗中即可。

红豆山药羹

原料： 水发红豆100克，山药150克

调料： 白糖、水淀粉各适量

做法：

1. 洗净去皮的山药切成丁。
2. 砂锅中注水，倒入红豆，加盖，用大火煮开后转小火煮40分钟。
3. 揭盖，放入山药丁，加盖，用小火续煮20分钟至食材熟透。揭盖，加入白糖、水淀粉，拌匀，盛出即可。

薏米红豆大米粥

原料： 大米80克，薏米、红豆各50克

调料： 冰糖25克

做法：

1. 砂锅中注水烧开，倒入薏米、红豆。
2. 盖上盖，用中火煮约20分钟，至食材变软。
3. 揭盖，倒入大米，拌匀至米粒散开。
4. 再盖上盖，用中小火煮约40分钟，至食材熟透。揭盖，撒上冰糖，搅匀。
5. 用中火煮至冰糖溶化即可。

冬瓜虾仁汤

原料： 去皮冬瓜200克，虾仁200克，姜片4克

调料： 盐2克，料酒4毫升，食用油适量

Tips

冬瓜是祛湿利尿的美味蔬菜，常吃能很好地去除湿疹。

做法：

1. 洗净的冬瓜切片。
2. 取出电饭锅，打开盖子，通电后倒入冬瓜。
3. 倒入洗净的虾仁、姜片，淋入料酒、食用油。
4. 加入适量清水至没过食材，搅拌均匀。
5. 盖上盖子，按下"功能"键，调至"靓汤"状态，煮30分钟至食材熟软。
6. 按下"取消"键，打开盖子，加入盐，搅匀调味，断电后盛出。

厌食

厌食是儿童摄食行为异常的一种疾病，多发于1~6岁儿童，常表现为较长时间食欲缺乏或食欲减退，见食不贪，甚至拒食，若长期得不到改善，可导致患儿营养不良，影响生长发育，并可造成患儿免疫力下降，从而使其他系统疾病的易感性增加。

症状表现

呕吐、食欲减退、腹泻、便秘、腹胀、腹痛和便血等。长期如此，孩子会出现面色萎黄、形体消瘦的情况。厌食的症状常伴随其他系统疾病出现，尤其多见于中枢神经系统疾病及多种感染疾病。

发病原因

喂养不当是当前最突出的原因，城市尤为明显。原因是家庭经济改善，市场儿童食品供应增多，独生子女娇生惯养，家长缺乏科学喂养知识，乱吃零食，过食冷饮，乱给"营养食品"，进食一些高蛋白、高糖食品（如巧克力等），反使食欲下降。

饮食指导

①饮食要规律，定时进餐；生活规律，睡眠充足，定时排便；营养要全面，多吃粗粮杂粮和水果蔬菜；节制零食和甜食，少喝饮料。

②改善进食环境，使孩子能够集中精力去进食，并保持心情舒畅。

③家长应该避免"追喂"等过分关注孩子进食的行为，决不能以满足要求作为让孩子进食的条件。

④加强体育锻炼。

⑤先带患儿到正规医院儿科或消化内科进行全面细致的检查。记住，不要盲目吃药。

山药脆饼

食谱推荐

原料： 面粉90克，
去皮山药120克，豆沙
50克

调料： 食用油适量，
白糖30克

Tips

山药含有淀粉酶、多酚
氧化酶等物质，有利于
脾胃的消化吸收。

做法：

1. 山药对半切开，切块，装碗，入蒸锅蒸熟后取出，放入保鲜袋中碾成泥。

2. 将山药泥放入大碗中，倒入80克面粉，注入约40毫升清水，搅拌均匀。

3. 将山药泥及面粉揉搓成光滑面团，套上保鲜袋，饧发30分钟。

4. 取出面团，撒少许面粉，搓条下剂，压成饼状。

5. 撒上剩余面粉，用擀面杖擀薄成面皮，放豆沙，收紧开口，压扁成圆饼生坯。

6. 用油起锅，放入饼坯，煎至两面焦黄。再次翻面，稍煎片刻至脆饼熟透。

7. 关火后盛出煎好的脆饼，装盘，均匀撒上白糖即可。

红豆南瓜饭

原料：水发红豆30克，水发大米50克，南瓜70克

做法：

1. 将去皮洗净的南瓜切片。
2. 备好电饭锅，倒入大米和红豆。
3. 放入南瓜片，注入适量清水，搅匀。
4. 盖上盖，按功能键，调至"五谷饭"图标，进入默认程序，煮至食材熟透。
5. 按下"取消"键，断电后揭盖，盛出煮好的南瓜饭即可。

鸡内金红豆粥

原料：水发大米140克，水发红豆75克，葱花、鸡内金各少许

做法：

1. 砂锅中注入适量清水烧开。
2. 倒入备好的鸡内金、红豆。
3. 放入洗好的大米，拌匀。
4. 盖上盖，煮开后小火煮30分钟至熟。
5. 揭盖，搅拌均匀。
6. 关火后盛出煮好的红豆粥，撒上葱花即可。

水痘

水痘是由病毒引起的，该病潜伏期为10~21日，平均14日，是一种传染病，特别多见于晚冬和春季。以发热及成批出现周身性红色斑丘疹、疱疹、痂疹为特征。

症状表现

在发病24小时内出现皮疹，皮疹先发于头皮、躯干受压部分，呈向心性分布。最开始为粉红色小斑疹，迅即变为米粒至豌豆大的圆形紧张水疱，周围明显红晕，有水疱的中央呈脐窝状。黏膜亦常受侵，见于口腔、咽部、眼结膜、外阴、肛门等处。在为期1~6日的出疹期内皮疹相继分批出现，脱痂后不留瘢痕。体弱者可出现高热。

发病原因

传播途径主要是呼吸道飞沫或直接接触传染。病毒感染人体后，先在鼻咽部局部淋巴结增殖复制4~6天，而后侵入血液并向全身扩撒，引起各器官病变。本病病变主要是在皮肤棘状细胞层，细胞肿胀变性形成囊状细胞，核内有嗜酸性包涵体，细胞裂解及组织液渗入后即形成疱疹。水疱液中含有大量的感染性病毒颗粒。

饮食指导

合理的饮食有助于缓解水痘的症状，也起到辅助治疗的作用。孩子出水痘，饮食上有禁忌，也有适宜食物推荐。

可吃些稀粥、米汤、牛奶、面条，还可加些豆制品、瘦猪肉等；多饮水，多吃新鲜水果及蔬菜，如饮用鲜梨汁、鲜橘汁和番茄汁；多吃些带叶蔬菜，如白菜、芹菜、菠菜；也可吃清热利湿的冬瓜、黄瓜等。

忌辛辣刺激性食物，如辣椒、胡椒、姜和蒜；忌生冷、油腻食物以及发物，如鱼、虾、螃蟹、牛肉、羊肉、香菜、茴香、菌类等。

红豆薏米银耳糖水

Tips

薏米为常用的利水渗湿的食材，孩子在生病期间适量食用，有助于排毒。

原料：水发薏米30克，水发红豆20克，水发银耳40克，去皮胡萝卜50克

调料：冰糖30克

做法：

1. 洗净的银耳切去黄色的根部，改切成碎。

2. 胡萝卜切片，切成细条，改切成丁。

3. 往焖烧罐中倒入薏米、红豆、胡萝卜丁、银耳。

4. 注入刚煮沸的清水至八分满。

5. 旋紧盖子，摇晃片刻，静置1分钟，使得食材和焖烧罐充分预热。

6. 揭盖，将开水倒入备好的碗中，接着往焖烧罐中倒入冰糖。

7. 再次注入刚煮沸的清水至八分满，旋紧盖子，焖3个小时。

8. 揭盖，将焖好的糖水盛入碗中即可。

美味莴笋蔬果汁

原料： 莴笋100克，哈密瓜100克

调料： 白糖15克

做法：

1. 莴笋去皮切丁，哈密瓜切小块。
2. 锅中注入适量清水烧开，倒入莴笋，搅拌匀，煮约半分钟，捞出待用。
3. 取榨汁机，倒入食材，注水，榨汁。
4. 断电后揭盖，加入白糖，盖上盖子，通电后再搅拌一会儿，倒出即可。

绿豆冬瓜大米粥

原料： 冬瓜肉150克，水发绿豆50克，水发大米100克

调料： 冰糖适量

做法：

1. 将洗净的冬瓜肉切片，改成丁。
2. 砂锅中注水烧开，倒入绿豆，盖上盖，烧开后用小火煮约35分钟。
3. 揭盖，倒入备好的大米，拌匀、搅散，加盖，用中小火煮约30分钟。
4. 倒入冬瓜丁，加盖用小火续煮约15分钟，放适量冰糖，煮至溶化即可。

金银花连翘茶

原料： 金银花6克，甘草、连翘各少许

做法：

1. 砂锅中注入适量清水烧热，倒入备好的金银花、甘草、连翘。
2. 盖上盖，烧开后用小火续煮约15分钟至其析出有效成分。
3. 揭盖，搅拌均匀，关火后滤入茶杯中即可。

甘蔗冬瓜汁

原料： 甘蔗汁300毫升，冬瓜270克，橙子120克

做法：

1. 冬瓜去皮切薄片，橙子去皮切小瓣。
2. 锅中注水烧开，倒入冬瓜，煮5分钟，至其熟软，捞出待用。
3. 取榨汁机，倒入橙子、冬瓜，加入甘蔗汁，榨汁，装入碗中即可饮用。

惊风

惊风是小儿时期常见的一种急重病症，以临床出现抽搐、昏迷为主要特征，又称"惊厥"，俗名"抽风"。惊风是孩子常见的急症，尤多见于婴幼儿。任何季节均可发生，一般以1~5岁的小儿为多见，年龄越小，发病率越高。

症状表现

由于多种原因使脑神经功能紊乱所致。表现为突然的全身或局部肌群呈强直性和阵挛性抽搐，常伴有意识障碍。惊风的发病率很高，5%~6%的孩子曾有过一次或多次惊风。惊风频繁发作或持续，会危及生命或可使患儿遗留严重的后遗症，影响孩子智力发育和健康。

发病原因

惊风自新生儿至各年龄小儿均可发生，尤以婴幼儿为多见。现代医学认为，本病的发生是由于婴幼儿的大脑发育尚未成熟，免疫机能比较低下，加上婴幼儿期某些特殊疾病如产伤、脑发育畸形等，容易出现急性感染及中枢神经系统感染，从而引发惊风。

饮食指导

如有高热，要及时补充水分，多饮水或果汁，如生石膏荸荠汤、苦瓜汁、西瓜汁等。可多食清热化痰之物，如白萝卜汁、雪梨浆、鲜藕汁、荸荠汁等。

合理控制食物的质和量。若脾胃功能薄弱，应以素食流质为好；病情好转可适当增加易吸收而富有营养的食品，如豆浆、牛奶、鸡蛋羹等。

忌食油腻、黏滞、燥热等厚味食品。如炸薯条，易积痰动风，诱发惊风，故应忌食。

白萝卜羊肉汤

Tips

白萝卜被称为"自然消化剂",能促进食物消化,抑制胃酸分泌。

原料: 羊肉100克,豆腐100克,白萝卜100克,姜片、葱段、香菜末各少许

调料: 盐2克,鸡粉2克,胡椒粉3克,芝麻油适量

做法:

1. 锅中注水烧开,放入切好的羊肉,煮约2分钟,氽去血水,捞出,过凉水,待用。

2. 锅中注水烧开,放入氽过水的羊肉,加入葱段、姜片,拌匀。

3. 用中火煮约20分钟至熟,再放入切块的豆腐和白萝卜,用小火煮约20分钟至熟。

4. 加入适量盐、鸡粉、胡椒粉,淋入芝麻油,拌匀调味。撒上香菜末,略煮片刻。关火后盛出煮好的汤料,装入碗中即可。

马蹄汁

原料： 马蹄肉100克

调料： 蜂蜜适量

做法：

1. 将洗净去皮的马蹄切成小块，备用。
2. 取榨汁机，选择搅拌刀座组合，倒入马蹄，加入适量矿泉水。
3. 选择"榨汁"功能，榨取马蹄汁。
4. 揭开盖，放入适量蜂蜜，搅拌均匀。
5. 断电后把榨好的马蹄汁倒入杯中。

肉松鸡蛋羹

原料： 鸡蛋1个，肉松30克，葱花少许

调料： 盐1克

做法：

1. 取茶杯或碗，打入鸡蛋，加入盐。
2. 注入30毫升左右的清水，将鸡蛋打散成均匀蛋液，封上保鲜膜，待用。
3. 锅中放入蒸盘，注水烧开，放上蛋液，用大火蒸10分钟成蛋羹。
4. 取出蒸好的蛋羹，撕开保鲜膜，在蛋羹上放上肉松，最后撒上葱花即可。

手足口病

手足口病的病因多就不注意卫生所引起，其次是传染。病从口入，平时注意孩子口手卫生，勤洗手，特别是吃东西时，饭前、便后，一定要做到勤洗手！平时要吃一些帮助提高抵抗力的食物，也要适当地补充一些合生元益生菌，能起到提高抵抗力的作用。

症状表现

手足口病为肠道病毒感染传染病，以发热、口腔溃疡和疱疹为特征。患儿手足以及臀部会有疱疹或丘疹，并有红晕，皮疹无明显痛感，不留疤痕。一般口腔内同时有疱疹，伴有疼痛、流涎、拒食、发热等。

发病原因

手足口病的主要传染源是患口蹄疫的动物，患病动物的血液、皮肤黏膜分泌物、唾液、尿粪、乳汁均带有病毒，大多是通过直接和患病动物接触或挤乳时，病毒通过皮肤微小伤口进入人体发病，偶可通过食用受染的牛乳、乳酪、牛油或其他乳制品被感染发病，甚至食用病牛的肉和骨头也可感染，人与人之间是很难相互传染的。

饮食指导

宜吃一些清热、解毒的清淡食品，如绿豆、赤小豆、百合、冬瓜、苦瓜、荸荠、茭白、芦笋、冬笋、鲜藕、红白萝卜、茼蒿、小白菜等。如果孩子有发热的情况，及时补充维生素，有利于尿液的排出，从而减轻发热时膀胱所受的压力，还可以补充发烧时的体力消耗。多吃些能及时给孩子补充热量的食物，有助于患儿恢复健康。

手足口病是由于肠道病毒感染所导致的一种疾病，所以想要治疗这种疾病的话，就不要喝生水也不要吃生冷刺激的食物。因为用高温加热食物时可以起到消毒的作用，所以吃加热过的食物更有利于患者自身的健康。

苹果橘子汁

原料： 苹果100克，橘子肉65克

做法：

1. 橘子肉切小块；苹果去皮、去核，切小块。
2. 取榨汁机，选择搅拌刀座组合，倒入苹果、橘子肉。
3. 注入适量矿泉水，盖上盖，选择"榨汁"功能，榨取果汁。
4. 断电后揭开盖，倒出果汁。
5. 装入杯中即可。

百合莲子红豆沙

原料： 水发红豆80克，水发莲子50克，水发百合30克

调料： 白糖50克，水淀粉适量

做法：

1. 锅中注水烧热，倒入洗净的百合、莲子、红豆，搅拌均匀，用大火煮沸后，转小火煮30分钟至食材熟软。
2. 倒入白糖，煮至完全溶化。
3. 倒入水淀粉勾芡，再煮片刻即可。

芦笋煨冬瓜

Tips

孩子多吃芦笋可以增进食欲，提高机体代谢能力，提高免疫力。

原料：冬瓜230克，芦笋130克，蒜末少许

调料：盐1克，鸡粉1克，水淀粉、芝麻油、食用油各适量

做法：

1. 洗净的芦笋用斜刀切段；冬瓜去皮切开，去瓤，切小块。

2. 沸水锅中倒入冬瓜块、食用油，煮约半分钟。倒入芦笋段，拌匀，煮约半分钟，至食材断生。捞出焯煮好的材料，沥干水分，待用。

3. 用油起锅，放入蒜末，倒入焯过水的材料。

4. 加入少许盐、鸡粉，倒入少许清水，炒匀。

5. 用大火煨煮约半分钟，至食材熟软。

6. 倒入水淀粉勾芡，淋入芝麻油，拌炒均匀，至食材入味即可。